土木工程的灵魂

——力学

张相庭　编著

同济大学 出版社
TONGJI UNIVERSITY PRESS

内 容 提 要

这是一本介绍土木工程的灵魂——力学知识的科普读物。力学与土木工程的结合已有几百年的历史。土木工程涉及的范围极广,房屋建筑工程、桥梁建筑工程、地下建筑工程、道路交通工程、抗爆工程等,这些都属于土木工程的范畴。而土木工程的发展离不开力学。可以说力学是土木工程的"心脏"。本书从工程基本结构、结构承受的各种作用以及相关实例说明力学在工程中的具体应用,这是一本难得的、深入浅出讲解力学在土木工程中的核心作用的入门教科书。

本书可作为高中生、大学低年级学生以及高年级学生的参考用书,对力学相关领域的科研管理人员也有所帮助。

图书在版编目(CIP)数据

土木工程的灵魂:力学 / 张相庭编著. -- 上海:同济大学出版社,2017.6
ISBN 978-7-5608-7102-8

Ⅰ.①土… Ⅱ.①张… Ⅲ.①力学—应用—土木工程 Ⅳ.①TU311

中国版本图书馆 CIP 数据核字(2017)第 142675 号

土木工程的灵魂——力学

张相庭 编著

责任编辑 马继兰　　**责任校对** 徐春莲　　**封面设计** 陈益平

出版发行	同济大学出版社　　www.tongjipress.com.cn
	(地址:上海市四平路 1239 号 邮编:200092 电话:021-65985622)
经　销	全国各地新华书店
排　版	南京月叶图文制作有限公司
印　刷	上海同济印刷厂有限公司
开　本	787 mm×960 mm　1/16
印　张	11
字　数	220 000
版　次	2017 年 9 月第 1 版　　2018 年 11 月第 2 次印刷
书　号	ISBN 978-7-5608-7102-8

定　价	48.00 元

序　言

　　《土木工程的灵魂——力学》终于出版了,这是张相庭教授撰写的最后一本著作,也是他所有著作中出版过程最为曲折的一本。

　　2007年,中国力学学会常务理事会在高等教育出版社的支持下,决定出版《大众力学丛书》,邀请一些力学工作者,撰写一批力学科普著作,为此组建了由武际可和戴世强两位力学界老前辈担任正副主任的编辑委员会,我有幸也被推荐为编辑委员会委员,并由我出面邀请张相庭先生撰写力学在土木工程中应用的科普著作。张先生一开始感到为难,因为他从来没有写过科普著作,怕写不好。但我知道他有深厚的力学功底,又在土木工程领域有极高的造诣,经常能把复杂的工程问题化为简单的力学模型来解决,并对结果做出合理的阐释。在我的坚持下,张先生终于同意写平生的第一本也是最后一本科普著作。

　　张先生经过一年多的考察整理时间,在收集了大量相关资料的基础上,于2009年5月写出了初稿。但是当张先生把稿子交到高等教育出版社时,初审认为学术性过强,不太合适作为大众科普读物,希望张先生做较大的修改。此后一两年,张先生改改停停,自己总是不满意,也一直没再把修改稿提交给高等教育出版社。再后来他身体越来越不好,这本书就耽搁了下来,直到他老人家不幸于2013年2月4日去世,也没有最终定稿。

　　而这也成了我的一件心事,希望能将张先生的这最后一本书付梓出版。于是我和我的同事、张先生以前的博士生王国砚教授商量,由他出面征得张先生夫人的同意,从张先生的旧电脑中找到这部书稿,经过王国砚教授费时费力的校对勘误和图表制作工作,并联系了同济大学出版社来出版这本书。

1

王国砚教授作为张先生的弟子,在本书的出版中做了大量的工作。

张先生开始构思动笔写这本书,迄今已有八年多的时间。虽然张先生没有亲眼看到这本书的出版,但这本书可以说凝聚了他最后几年的心血和努力。虽然对于社会大众,这也许不是一本合适的科普读物,但是对于工科大学生,这却是一本难得的、深入浅出讲解力学在土木工程中的核心作用的入门教科书。

在这本书出版之际,我很高兴代为作序,并借此表达对先生的深切怀念和崇高敬意。

仲 政

2017 年 3 月 12 日

开启土木工程高大之门

——力学在土木工程中的核心作用

当你走进大城市抬头仰望时,你会看到那一座座拔地而起的几十层甚至上百层的高层建筑,高耸入云的广播电视塔;当你漫步在市郊或农村田野时,你会看到那些跨越大江南北几百米甚至几千米长的悬索大桥,上百米高的输电线塔。这些都是新时代科学技术发展的成果,是广大土木工程师和工程建设者们辛勤劳动的作品。实际上,生产的发展推动了科学技术的发展;反过来,科学技术的发展也促进了生产的发展。这些复杂的作品经过人们头脑的思维和开发,也是容易做到的。

力学与工程结合,已从牛顿力学发展到与各种工程相结合的工程力学;力学与土木工程结合已有几百年的历史。土木工程的范围极广,房屋建筑工程、桥梁建筑工程、地下建筑工程、道路交通工程、抗爆工程等都属于它的范畴。而土木工程的发展离不开力学,可以说,力学是各种工程的核心,特别是土木工程的"心脏"。

我长期从事"力学和力学在土木工程中应用"的研究。对于国内一些重大土木工程,有的是参加并负责其中一些工程项目的研究,有的则是参加工程项目的评审工作,深知力学和土木工程两者不可分割的关系。同时也感觉到,只要掌握它们的思维核心,初学者或者是尚未学到大学高深课程的高中高年级学生和大学低年级学生也会对它感兴趣;那些高大宏伟的高层建筑和高耸结构的设计和建造知识,只要努力学习,也是能够初步掌握的;可以意识到学习土木工程和力学知识的迫切性并建立起学习它们的信心,大大提高学习的积极性。

本书共分 6 章加以叙述。第 1 章是"土木工程、力学和基本结构",介绍了我认为土木工程中最简单的 10 种基本结构(或构件)及其力学特征,包括梁、板梁(梁式板)、柱、墙、拱、索、桁架、框架、板和壳。它们的组合包括它们自己形式的组合,是目前绝大部分土木工程结构的组成形式。因此,了解它们以及它们的力学特征,是进入土木工程和力学的必不可少的基础。第2章介绍了地震作用、风荷载以及结构振动理论和计算机程序等。在土木工程设计、计算和抗灾防灾规划中,地震作用、风荷载以及雪荷载、楼面荷载等都是应该考虑的主要干扰和作用。最有影响和最易引起工程结构失效甚至破坏的首推地震作用和风荷载。据德国慕尼黑保险公司对1961—1980年20年间发达国家损失1亿美元以上的自然灾害统计,地震造成的损失占总自然灾害损失的50.0%,风灾造成的损失占总自然灾害损失的40.5%。因而这两种灾害造成的损失已占总自然灾害损失的绝大部分。由于这两种灾害都是由结构振动引起的,而现代工程结构的复杂性导致分析计算离不开计算机,因而第2章先介绍这些内容。第3章是第1章和第2章知识的应用,全面介绍上海的东方明珠广播电视塔从方案选择到力学计算的全过程,由于我参与了该项目的研究,因而介绍起来比较贴切得体。我相信,读者阅读了本章和真实工程的分析计算全过程后,会加深对工程力学学习的兴趣,会产生学好土木工程和力学的迫切愿望。为了加深对各类土木工程问题分析的了解,第4章至第6章都选择了工程实例进行介绍。第4章选择了5个有代表性的工程加以介绍,它们包括:跨度达几百米的国家体育场(鸟巢)工程和上海体育场(上海八万人体育场)工程、高达632 m的上海中心大厦工程、高达492 m的上海环球金融中心工程、跨越几百米宽黄浦江的上海南浦大桥工程。第5章介绍了起重机的结构,对起重机的结构受力进行了分析,并且对起重机在工作状态和非工作状态下的受风力作用进行了计算。第6章介绍了我国南方某城市的抗灾防灾分析实例。可以预期,介绍它们会增加读者对土木工程和力学的学习兴趣和信心。

　　在编写本通俗读物时,我努力做到:用通俗的语言和工程灾害分析的实例说明一些力学的基本概念。比如,介绍在16世纪80年代,著名科学家伽利略在参加佛罗伦萨大教堂举行的庆祝典礼时,看到挂在圆屋顶下的一只吊灯在摇晃,起初它的晃动幅度很大,以后越来越小,从而引出振动力学中周期频率振型的概念;介绍位于美国西雅图的塔科马大桥于1940年被不大的风吹坏的实例,从而引出力学中的空气动力失稳的研究。本书有些资料来源于我国为数甚多的网站,它们提供了很多新鲜的图片和资料。即使有些还是我亲身经历过的,但这些网站提供的资料也还是有很多参考价值的。本书努力做到:不单单是介绍在土木工程应用到的力学公式。虽然没有介绍在大学有关专业里才能学到的这些公式的推导过程,但是在了解这些公式背后基本概念的基础上,学会应用它们,并且了解了真实工程分析计算的全过程,才会能用这些公式进行初步真实工程的具体分析计算。本书努力使读者认识到,那些几百米高的高楼大厦、几百米跨度的大跨建筑和几百米甚至几千米长的大跨桥梁的设计建造,并不是可望而不可及的。只要了解工程结构的基本组成规律,掌握基本诀窍,努力学习,就可以达到目的。学习这些众多工程实例就能说明问题。

应该提及的是,戴世强教授、仲政教授是写通俗读物的倡导者,是高深学术要深入浅出的倡议者,在他们的热情建议和支持下,写出了这本读物。如果本书可用作高中高年级学生、大学低年级学生以及大学高年级学生的参考用书,对有此需要的科研管理人员有所帮助,等等,应该首先归功于这两位教授。

由于土木工程和力学的研究正处在不断发展和革新之中,会不断出现新鲜课题和特殊问题,引起国内外学者的密切关注和研究,这些新的研究成果也势必会在近期引入到工程之中。我热忱希望读者在使用过程中,不吝提出宝贵意见和建议,以期对本书的提高有所帮助。

张相庭

2009 年 5 月 17 日

目　录

第1章
土木工程、力学和基本结构

　　从单层平房到一百多层的高层建筑,从几米到几百米跨度的屋盖,从几米到几百米、几千米跨度的桥梁,从几米高的立柱到几百米高的电视塔,以及从几百米到几千米深、十多米高的隧道,很宽很长的道路,等等,它们都属于土木工程的范畴。在国外,土木工程的英语名称是 civil engineering,直译应为"民用的市政工程"。在中国古代,宫殿、庙宇等建筑的材料基本上都是用木材,而它们都深入土中而建立,因而土木是古建筑中最常用的词汇,沿用至今。虽然建筑材料已发生天翻地覆的变化,木材在现代工程中已很少应用,连砖、石也用得少了,而代之以钢、钢筋混凝土、薄膜等材料,但仍沿用"土木"二字,这类工程仍称为土木工程。这些高层建筑、屋盖等工程中除需承受自身重量外,还必须承受外界的各种作用,如人、车等重物,风、地震、温度变化等。结构物自身重量和外界作用都可以以力的形式表现出来,这就是外力作用。在外力作用下,工程结构和构件都将产生内力和应力。如果建筑材料(如钢、钢筋混凝土等)的抗力不能达到或超过由外力作用所产生的内力和应力,工程结构就会发生损坏甚至破坏。所以可以说,力学是土木工程的核心,起着"心脏"的作用。土木工程涉及数学、力学、材料等多门学科,但力学,或称工程力学,是土木工程中最重要的部分。

　　随着生产的发展和科学技术的进步,土木工程在很多方面表现出蓬勃发展的势头。

1. 房屋建筑工程

在房屋建筑工程中,由过去的低矮粗短建筑发展到今天的高大细长建筑,图1-1就是132层的超高层建筑——上海中心大厦。这一系列的变化使建筑结构的受力情况发生了很大变化。在单层或多层建筑中,结构振动很小,以至影响因素可以忽略,随着建筑高度的不断增大;逐步变成具有很大的影响,甚至成为影响结构安全的主要因素。原来风不是主要的因素，在高层建筑中，却变得对结构安全设计有举足轻重的作用，等等。生产的发展也推动了力学的发展，新的理论产生了，新的试验出来了，新的计算方法出现了，力学早已由原来的基本的牛顿力学发展到结合各类工程的工程力学，而伴随它的计算机技术也迅速发展起来。对于柔性结构，如索结构和索膜结构，还存在结构的形状依赖于力的性质和大小的问题，所以，找形问题就突现出来了，几何非线性问题也出来了。这样，新的力学问题，对计算机结构分析程序也提出了新的要求。由此推动了力学科学的发展。

　　　（a）上海中心大厦　　　　　　　　（b）上海中心大厦模型风洞试验

图 1-1　上海中心大厦示意图

2. 桥梁建筑工程

在桥梁建筑工程中，由过去的跨度小的木桥、石板桥、拱桥发展成今天的几百米到几千米长的拉索桥。图 1-2 是杭州湾跨海大桥的鸟瞰图，该桥南起宁波慈溪，北至嘉兴海盐，全长 36 km。杭州湾跨海大桥曾经是世界上最长的跨海大桥，比连接巴林与沙特的法赫德国王大桥还长 11 km，当时成为继美国的庞恰特雷恩湖桥后世界第二长的桥梁，也是世界上建造难度最大的跨海大桥之一。它是世界建桥史上的一项创举和奇迹，同时它也给力学的发展带来了新的促进。1940 年，美国塔科马海峡大桥被不大的风吹倒事件，也成为力学研究的新领域，成为力学研究新的推动力和起点。

图 1-2 杭州湾跨海大桥

3. 地下建筑工程

地下建筑工程早在古代建造地下陵墓时就已开始了。随着科学技术的发展,人们也开始大力发展地下空间,地下工程项目越来越多,如地铁地下车站、隧道、巷道,等等。图 1-3 是使孙中山先生的理想成为现实的武汉长江过江隧道。

图 1-3 武汉长江过江隧道

地下工程结构四周由岩土包围,因而围岩产生的压力成为地下工程结构独特的荷载。在开挖基坑时,为防止边坡失稳滑坡,常采用挡土墙一类的挡土支护结构。因而,挡土墙结构力学成为地下建筑工程中的重要内容。

4. 道路交通工程

在道路和交通工程中,路面是支承在弹性地基上的,这在公路、机场跑道上最为多见,见图1-4。事实上,铁轨,就连房屋基础,也是建在弹性地基上的,因而物体在弹性地基上的受力分析是道路交通工程中一项重要内容。实际上,在其他工程中也会碰到这类弹性地基上梁板等结构的受力分析问题。人们还发现,在道路上行驶的车辆类似于水等流体在管道中的流动,从而对交通规划和管理引入了流体力学的模拟理论,形成了道路交通工程中的流体力学模拟理论。

除此以外,道路交通工程中的过街天桥等也是需要设计的。虽然与桥梁相比,它只有行人而无车辆行驶等动态问题,但考虑到意外事故,如撞击等对交通的影响等,仍是需要重视的问题之一。

图1-4　上海浦东机场跑道

5. 抗爆工程

爆炸会产生强大的冲击波。常规武器、汽车炸弹等爆炸产生的冲击波能摧毁桥梁和房屋,在20世纪国际上存在核威慑的情况下,有关抗核爆引起冲击波的抗爆防护工程研究被大大加强。抗核爆的迫切需求,在力学方面提出了大量的课题要求。为了保证工程安全,特别是指挥所、关键部门等的安全,而又不至于大量加大结构尺寸,科研人员开展了理论和模拟试验研究,使得结构在极强大的冲击波作用下,虽有破坏但不至倒塌,室内人员和设备仍能工作。在模拟核爆冲击试验时,首先需要寻求一种非核爆的高压能源。科研人员首先想到的是高压放电,但经过数值计算,做一次实验所需的高压能源,就要消耗掉一个中等城市一天的用电量,所以这种方法非常不实用。国外大型激波管一般都采用锥形炸药作为高压能源,但这种方法成本昂贵,且国外对我国实行技术封锁。科研人员先后用三年时间对我国一百多种火药逐个进行不同口径的密闭爆炸试验,最后筛选出三种火药作为抗爆激波管的高压能源,创造了小装填密度火药为抗爆激波管驱动能源的先例。在理论研究上,结合试验的成果,开展了结构材料超过弹性极限的结构弹塑性力学研究,进而过渡到结构刚塑性力学的研究。这些研究的对象包括土木工程中的所有主要受力结构,也包括作为围护构件等的次要构件,如门窗等,避免任何有害成分进入室内。

国内生产的抗爆门实例如图 1-5 所示。该重型复合装甲抗爆门适用于可能发生爆炸的场合中需要重点保护的要害部门的通道管制,可以与300~500 mm 厚度的钢筋混凝土墙体配合。该门具备以下 4 种功能:①抵御冲击波破坏;②抵御爆炸破片侵切;③隔绝高温气流和燃烧;④阻止有害气体进入。

图 1-5 国内生产的抗爆门

该门扇设计为中间带加强筋的箱形结构,其受力情况好,刚性大。抗冲击波形式为能量吸收缓冲与刚性抵挡相结合型。门扇结构自外向内共有9层组成,分别为:①外饰不锈钢板;②第一耐热缓冲层;③第一合金钢板装甲层;④第一低碳钢质溃缩层;⑤第二合金钢板装甲层;⑥第二低碳钢质溃缩层;⑦第三合金钢板装甲层;⑧第二隔热缓冲层;⑨内饰不锈钢板。该门扇每平方米质量超过 380 kg(不含门框质量),门扇厚度约203 mm。该门的门框采用槽钢和钢板拼焊而成,为双层结构,总厚度约为 406 mm。正常使用时,门扇通过两组大型铰链联结到门框的外框上。当意外情况发生时,门的受力则由内外门框之间的钢板平面台阶承受。门扇与门框之间有耐热密封胶条。

前文介绍了土木工程中最有影响的5种工程类型。这些工程的结构类型实际上都是由一些基本结构(简单的如梁板等也可称为构件)组成的。这里提出10种基本结构,它们是:梁、梁式板、柱、墙、拱、索、桁架、框架、板、壳。实际上还有一些基本结构或构件,如薄膜、管道等。薄膜若覆盖在屋顶主结构上,则由于其刚度小,一般不作为主结构而作为围护结构来处理;作为独立的膜结构主体,目前还用得不多,故暂未列入。管道结构在工程上也可简化为多跨梁结构来处理,故也暂未列入。由各类基本结构可以组成各种各样的复杂土木工程结构,包括前文提到的5类工程类型,比如高层建筑、大型屋盖、大跨度桥、电视塔、隧道等。可以说,基本结构的各种组合,造出了千姿百态的各种土木工程结构,而基本结构的力学特征分析则是各种土木工程结构力学分析的基础。

1.1 梁和板梁(梁式板)

在长期生产实践中,两人用扁担抬重物从一处搬到另处是至今仍常见的生产活动(图1-6),扁担是梁的一种最原始的形式。

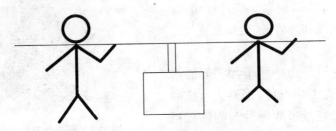

图1-6 两人用扁担抬重物

在两支点间(比如墙间)架设木梁等任何材料做成的梁(图1-7),可用来搁置重物;还可在木梁间再铺一大批板梁(窄板)用于搁置重物;也有将用木梁等任何材料做成的梁插入单墙内(图1-8)来搁置重物,这些在日常生活中都是常见的。在两支点间用来搁置重物的木梁或任何材料做成的梁称为简支梁;两端搁在木梁或任何材料做成的梁上的窄板称为简支板;插入单墙内的木梁或任何材料做成的梁称为悬臂梁。

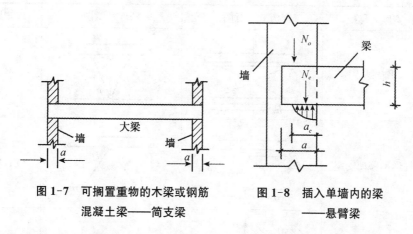

图 1-7　可搁置重物的木梁或钢筋　　　图 1-8　插入单墙内的梁
　　　　混凝土梁——简支梁　　　　　　　　　　——悬臂梁

建筑物上有门窗洞口,上面必须有梁,以支承洞口上面的墙壁等重量,这种梁常称为过梁,也是简支梁。为了加强建筑物的整体性,常在沿建筑物外墙四周和部分或全部内墙四周设置连续封闭的"统过梁",常称为圈梁。

下面介绍在力学与工程相结合时所需了解的几个问题。

1.1.1　计算简图

在工程力学中,为了计算表达上的简化,结构和构件常用"计算简图"来表示。现用平面受力结构的计算简图来说明:

(1)杆件常用它的轴线(即杆件形心的连线)来表示,见图 1-10。

(2)支点是可以阻止某种运动的装置,常称为支座。以平面受力结构为例,每个自由点最多可有三种运动可能,即两个方向的移动和一个方向的转动,支点就可以阻止其中的某些运动。支点最常用的理想形式有四种,即:圆柱形移动支座,或称为滑动铰支座,常用一根链杆表示;圆柱形不移动支座,或称为固定铰支座,常用两个交叉链杆表示;只允许某个方向移动,但不允许另一方向移动而且不允许转动的定向支座,常用两根平行的链杆表示;既不能移动也不能转动的固定支座,常用固定符号表示。以上四种支座的示意图如图 1-9 所示。

支座阻止某个运动是通过施加力实现的,这个力称为支座反力,简称反力。反力的作用线必沿被阻止的运动方向,即图 1-9 中各链杆的方向,如 X 方向、Y 方向。阻止转动的则是反力矩,图 1-9 中的 M。反力和反力矩统称为反力。

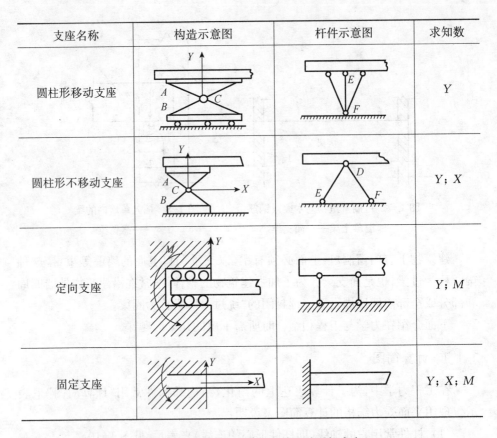

支座名称	构造示意图	杆件示意图	求知数
圆柱形移动支座			Y
圆柱形不移动支座			Y；X
定向支座			Y；M
固定支座			Y；X；M

图 1-9 平面结构中最常用的四种理想支座

（3）构件之间需要连接，在工程结构中杆与杆之间的连接点常称为节点（或结点）。最常用的有两种形式的理想节点，即铰节点和刚节点。关于这两种节点，将在以下各节中加以叙述。

（4）结构的构件是用来承担外力（即荷载）的，当构件用计算简图来表示时，作用在其上的外力也应在计算简图中表示出来。作用在杆件上的外力在计算简图中被简化为作用在杆件轴线上。最常见的外力有两种形式：作用在一点上的集中力（图 1-10）和沿杆轴线分布的分布力。

至此，上面简支梁和悬臂梁的计算简图便算完成了，如图 1-10 所示。

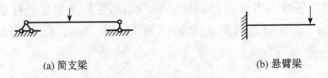

(a) 简支梁	(b) 悬臂梁

图 1-10 简支梁和悬臂梁的计算简图

1.1.2 平衡方程式

任何结构在外力作用下都应处于平衡状态。结构受力的平衡状态是指：在任何方向上，所有力的总和应等于零；对任何一点，所有力的力矩总和也应等于零。力平衡状态的数学表达形式是平衡方程式。

根据上面力平衡状态的定义，对于空间结构而言，力的平衡方程式为

$$\begin{cases} \sum X = 0, & \sum Y = 0, & \sum Z = 0 \\ \sum M_X = 0, & \sum M_Y = 0, & \sum M_Z = 0 \end{cases} \qquad (1-1)$$

式中　X，Y，Z——分别代表结构上所受到的力沿直角坐标系 X，Y，Z 方向的投影；

M_X，M_Y，M_Z——分别代表结构上所受到的力矩沿直角坐标系 X 方向、Y 方向、Z 方向的投影。

对于平面结构而言，平衡方程式则减少为

$$\sum X = 0, \quad \sum Y = 0, \quad \sum M = 0 \qquad (1-2)$$

读者可以思考这是为什么。

对于土木工程结构而言，受力处于平衡状态就意味着结构处于静止状态，即结构沿任何方向都不能自由移动，也不能绕任何轴自由转动。

1.1.3 脱离体

现分析如图 1-10 所示简支梁在竖向外力 P 作用下的反力和内力。

假设将整个梁从支点处脱离出来，支点脱离处用反力来代替，如图 1-11（a）所示，这个脱离出来的物体称为脱离体。这个脱离体上的所有力（包括外力和反力）应处于平衡状态。如果假想地将梁在某一截面处切开，取出其中一部分，连同有关支点一起脱离出来，截面截开处用内力表示，支点脱离处用反力代替，如图 1-11（b）所示，这个脱离出来的物体也是脱离体。这个脱离体上的力（包括外力、反力、内力）也应处

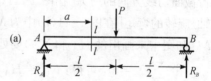

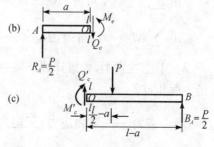

图 1-11　简支梁的脱离体、反力和内力

于平衡状态。

脱离体能将脱离处的所有力都暴露出来,以便列出平衡方程式来根据已知外力求未知的力(包括反力和内力)。如果脱离处暴露出来的是反力,则利用平衡方程式求出的是反力;如果脱离处暴露出来的是内力,则利用平衡方程式求出的是内力(前提是反力已求出)。因而,这种利用脱离体根据已知力求未知力的方法非常有用,是工程结构力学分析的重要工具。

1.1.4 反力和内力(弯矩、剪力、轴力)

现在对如图 1-11(a)所示的平面简支梁结构取整个梁为脱离体,支点处有 3 个反力,即 A 支点处的水平反力 H_A 和竖向反力 R_A,B 支点处的竖向反力 R_B,共计 3 个未知力。恰好,平衡方程式也可以列出 3 个。因而,可以求出这 3 个未知力的唯一确定解答。

由 $\sum X = 0$,可得:$H_A = 0$。

由 $\sum M_B = 0$,可得:$R_A \times l - P \times \dfrac{l}{2} = 0$,所以 $R_A = \dfrac{P}{2}$。

由 $\sum Y = 0$,可得:$R_A + R_B = 0$,所以 $R_B = \dfrac{P}{2}$。

为了求出梁任一截面(如截面 1—1)处的内力,必须将该截面截开,取出脱离体,如图 1-11(b)或图 1-11(c)所示。平面杆件任一截面(不妨记为 C 截面)都有 3 个内力分量,即平行截面法线方向的轴力 N_C [在图 1-11(b)中未画出]、平行截面切线方向的剪力[在图 1-11(b)中为 Q_C]和绕着垂直于截面的轴(即 Z 轴)旋转的弯矩[在图 1-11(b)中为 M_C]。图 1-11(b)中的 5 个力(即 R_A,Q_C,M_C 和图中未画出的 H_A 和 N_C)要处于平衡状态。

由 $\sum X = 0$,可得:$N_C = H_A = 0$。

由 $\sum Y = 0$,可得:$R_A - Q_C = 0$,即 $Q_C = \dfrac{P}{2}$。

由 $\sum M_C = 0$,可得:$R_A \times a - M_C = 0$,即 $M_C = \dfrac{Pa}{2}$。

在上面三式中,如果计算结果中出现负号,则表示内力实际方向与图中假定的方向相反。

1.1.5 应力——弯曲应力(正应力)、剪应力

任何结构构件都是由一定材料制成的,因而是由一定物质组成的。构件之

所以能够形成一定的形状并能承担一定的荷载,是因为组成构件的物质之间存在强大的吸引力。构件内部物质之间的这种吸引力在力学中被称为内力。

当用假想的截面将构件从某处截开时,这些内力便被暴露出来,充满整个截面。截面上单位面积的内力被定义为应力。截面上的应力共有 3 个分量,即:平行于截面法线方向的分量,称之为正应力;平行于截面两个相互垂直的切线方向的分量,称为剪应力。所以,剪应力共有两个,但对于平面受力结构而言,剪应力也只有一个。

前面所说的构件内力,即轴力、剪力和弯矩,实际上是截面上应力的综合效果。其中,与轴力对应的应力分量是正应力;与剪力对应的应力分量是剪应力;而与弯矩对应的应力分量是一对方向相反但又不在同一直线上的正应力,称为弯曲应力。

应力的概念是工程力学中最基本也是最重要的概念,下面将逐一进行介绍。

1. 弯曲应力(正应力)

图 1-12 表示一个宽为 b、高为 h 的矩形截面。根据材料力学的实验结果,在弯曲变形下,原来为平面的截面变形后仍为平面;另外,在变形很小的情况下,杆件内的应力和变形是呈比例关系的,如图 1-12 所示。考虑到这些变形和物理条件,就可通过平衡方程式求出应力。

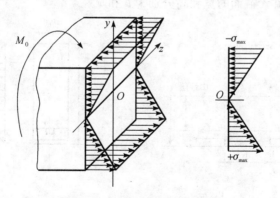

图 1-12 矩形截面的弯曲应力

由 $\sum M_0 = 0$,可得

$$M_C = 2 \times \left(\frac{1}{2} \times \sigma_m \times \frac{h}{2} \times b \right) \times \frac{h}{3} = \sigma_m \times \frac{bh^2}{6}$$

式中

$$\sigma_m = \frac{M_C}{bh^2/6} = \frac{M_C}{W_C} = \frac{M_C \cdot h/2}{I_C}, \quad I_C = \frac{bh^3}{12}$$

由比例关系可以得到,任何一个距离中轴 a—a 为 y_a 位置处的弯曲应力为

$$\sigma_a = \frac{M_C y_a}{I_C} \qquad (1\text{-}3)$$

式中　W_C ——梁的抗弯截面模量,当横截面为矩形时, $W = \frac{bh^2}{6}$;

　　　I_C ——梁横截面的惯性矩,当横截面为矩形时, $I_C = \frac{bh^3}{12}$ 。

梁的抗弯截面模量 W 和横截面惯性矩 I 在工程中是衡量梁横截面抗弯能力的非常重要的参数,工程中经常要用到它们。

2. 剪应力

图 1-13 为矩形截面梁剪应力分析的计算简图。其中,图 1-13(a)为从梁上沿轴线方向截取的长度为 dx 的极微小段,图中画出了中性轴以下部分的正应力分布,也画出了距中性轴为 y_a 距离处沿轴向的剪应力和该处横截面上的剪应力,根据材料力学中的"剪应力互等定理",这两个剪应力是相等的,一般记为 τ ;图 1-13(b)则画出了横截面上剪应力 τ 及其沿截面高度的分布规律,姑且称该截面为截面 C ,并设截面的宽和高分别为 b 和 h 。

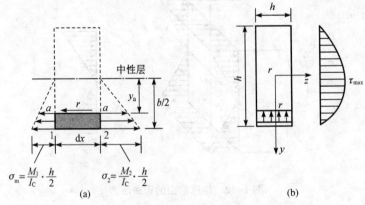

图 1-13　矩形截面梁的剪应力

根据材料力学的分析方法,可求出距离中性轴为 y_a 处的剪应力 τ 为

$$\tau_a = \frac{Q_C S_a}{bI_C} \qquad (1\text{-}4)$$

式中，S_a 表示该截面 C 距离中性轴为 y_a 处的位置到最外边缘（$h/2$）之间的面积 $b \times \left(\dfrac{h}{2} - y_a \right)$ 对中性轴的静矩，即 $S_a = b \left(\dfrac{h}{2} - y_a \right) \times \dfrac{1}{2} \left(\dfrac{h}{2} + y_a \right)$。由此可见，矩形截面上剪应力沿截面高度呈抛物线分布规律，如图 1-13（b）所示。

对于横截面不是矩形而是其他形状的梁，可参见与材料力学相关的书。

1.1.6　强度和刚度

1. 强度校验

应力是检验材料强度是否满足要求、结构能否正常工作的重要力学指标。应力有正应力和剪应力，在通常情况下，主要取决于正应力是否满足强度条件。但在梁高度与跨度之比较大的情况下，剪应力也将起主要的作用。

为了使工程结构能够有足够的安全性并且有一定的安全裕量，对于任何材料制成的构件，工程上都设定了一定的许用应力值。只有当工程结构实际的工作应力不超过给定的许用应力时，结构才被认为是安全的，这就是通常所说的强度条件。

2. 刚度校验

在外力作用下，梁以及其他结构都会发生变形，图 1-14 是简支梁和悬臂梁的变形简图。可以看出，如果梁的刚度太小而导致变形太大，虽然结构在强度上是安全的，但过大的变形将会使梁上搁置的一些精密仪器等物品发生故障，或者也易使天花板等发生裂缝。因而，工程上对变形有所限制。变形的度量值是某处的线位移（在梁中称为挠度）和角位移（即截面转角）。工程上对线位移（挠度）常采用最大相对值作出限制。比如，最大线位移 y_m 与跨度 l 的比值 $\dfrac{y_m}{l}$ 要满足小于或等于规定的限值。

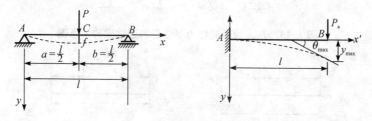

图 1-14　简支梁和悬臂梁的变形简图

结构的变形（线位移和角位移）的计算要涉及高等数学中的微积分学知识，

在学习了微积分后将会顺利解决。

1.1.7 静定和超静定

简支梁和悬臂梁是结构中最简单的形式（只有一个杆件，故也称为构件），它的所有反力和内力都可以仅由平衡方程式求得。凡是所有反力和内力都可以仅由平衡方程式求得的结构，称为静定结构；如果所有反力和内力不能只由平衡方程式就可求得，还需应用变形等条件才可求得，则这种结构称为超静定结构。结构截面上的应力，除了需要平衡方程式外，还需应用变形等条件才能求得，因而也是超静定的。

在电视古装戏中常见八人抬轿的情景，每半边是 4 个人，可看作一个四支点的三跨连续梁，如图 1-15 所示。由于梁上有 5 个反力是未知的，而平衡方程式只能列出 3 个，因而解不出 5 个反力，只有再列出 2 个以"变形一致"为条件的方程式，有 5 个方程式才能求解。因此，该连续梁是超静定结构，它的超静定次数为 2。土木工程中的结构都很庞大，大部分工程结构都是超静定结构。像电视塔、高层建筑等都是几百、几千甚至几万次的超静定结构，只有应用计算机才能解算，因而计算机是现代土木工程必需的应用工具。

实际上，不仅多跨连续梁是超静定结构，单跨梁但不是简支梁的情形也是超静定结构。如图 1-16 所示的一端固定、一端简支梁和两端都是固定的梁，就是单跨超静定梁结构示例。

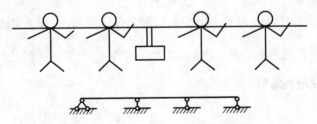

图 1-15 八人抬轿简化为半边三跨连续梁的示意图

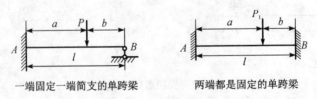

一端固定一端简支的单跨梁   两端都是固定的单跨梁

图 1-16 单跨超静定梁

1.1.8　梁结构的力学评估

梁结构虽然在结构上简单,但在力学上还是有很多缺点的。如前所述,应力是检验材料强度是否满足要求、结构是否正常工作的重要力学指标,在通常情况下,主要取决于弯曲应力 σ 是否满足强度条件。由式(1-3),弯曲应力由弯矩 M 所引起,但梁的 M 和 σ 分别在梁的轴向和截面高度方向存在使材料未充分利用的不足。

在梁的轴线方向,弯矩 M 是变化的。对于简支梁而言,越近跨中弯矩越大。图1-17(a)是一简支梁在均布荷载作用下剪力 Q 和弯矩 M 沿跨度的变化图,力学上称为剪力图和弯矩图,一般主要是弯矩起控制作用。可以看到,弯矩在跨中最大,越到两边越小。如果用等截面梁,则如果跨中正好满足强度要求,则越到跨边材料就越不能充分发挥作用,材料也就越浪费。为了节省材料,可将梁做成中间大两边小的变截面梁,但在应用上就不如等截面梁方便,而且也并不是各处材料都发挥作用。

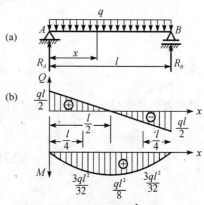

图 1-17　梁的剪力和弯矩沿梁长的变化

在梁截面沿高度的方向,截面上弯曲应力是上下边缘处最大,越到中性轴处越小,见图1-12中的弯曲应力图。如果上下边缘的弯曲应力正好满足强度要求,则越到中性轴处弯曲应力越小,材料就越不能充分发挥作用,材料也就越浪费。为了节省材料,可将截面做成上下边缘大而中间小的非矩形截面,如工字形截面,但沿截面高度方向仍不能做到所有材料都充分发挥作用。

图1-18是工程上常采用的改进结构图。为了适应梁的弯矩在梁上变化的情况,简支梁弯矩中间大两边小,因而截面也做成中间大两边小,例,如图1-18(a)所示的厂房建筑中的鱼腹梁和图1-18(c)所示的汽车的弹簧钢板梁。悬臂梁弯矩则是支座处大而自由端小,因而截面也做成支座处大自由端小的形状,例如图1-18(b)所示的飞机机翼梁。为了改进弯曲应力在截面的上下边缘大而中心处小的情况,图1-18(b)所示的飞机机翼梁还常做成工字形截面。

为了所有材料都能有效地发挥作用,只有各处弯矩和弯曲应力都是相等的,当一处弯曲应力到达强度极限时,其他各处弯曲应力也都到达强度极限,才能使

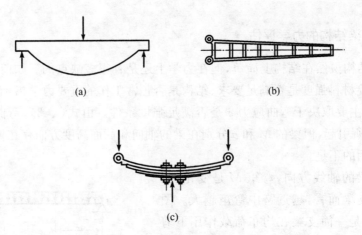

图 1-18　梁的截面改进图

材料发挥所有能力。这一问题将在以下两节中加以叙述。

1.2　墙和柱——顶阻承力

　　墙是房屋中最常用的构件,是分隔空间的重要构件。墙上面搁置板梁用于放置重物,形成墙板结构。图 1-19 是居民楼中最常用的也是最简单的墙板结构形式之一。

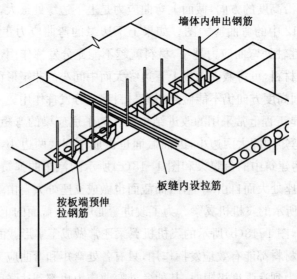

图 1-19　墙板结构

墙一般是承受由上部楼板传来的重量,但在多层和小高层建筑中,也可有几十米高的墙,主要是承受水平力,如由地震作用产生的地震力、由风作用产生的风力等。在地下建筑中,也会有土壤产生的水平推力,等等。图 1-20 是装配式大型墙板房屋。

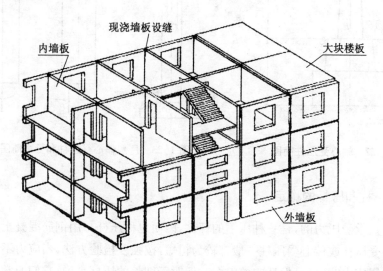

图 1-20　装配式大型墙板房屋简图

为了扩大活动空间不受墙的阻隔,常用柱代替墙来承重。在我国古代建筑中,常用的一种木结构骨架是:在柱间上部用梁和矮柱重叠装成,用以支承屋面传来的重量,见图 1-21。这种骨架常称为梁架,是梁柱合用的一种特殊的简单的形式。

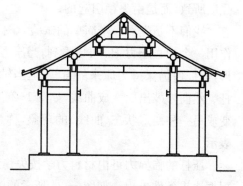

图 1-21　梁架简图

1.2.1　轴力和轴心正压力

墙和柱如果单纯承受楼板传来的重量,方向正对轴心,它只产生轴向压力和相应的轴心压应力,如图 1-22 所示。但是如果传来的重量有偏心,墙和柱将产生轴力和弯矩,它的正应力由轴心正应力和弯曲正应力叠加,如图 1-23 所示的厂房柱。如果像高层建筑、地下建筑那样承受地震作用、风力或侧向土压力,这时墙或柱一定承受偏心荷载,截面上也将同时产生弯矩、剪力和轴力。

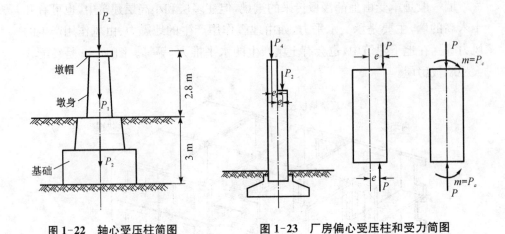

图 1-22　轴心受压柱简图　　　　图 1-23　厂房偏心受压柱和受力简图

1.2.2　柱和压杆的稳定

柱是承受压力的,是一种压缩的杆件,因而也称压杆。用钢筋混凝土或砖石建造的受压柱或偏心受压柱一般都较为粗短,按强度检验方法,当应力不超过材料的许用应力时,即可保证它的安全。但对于细长的压杆来说,它们通常是用钢材建造的钢柱(也有些是钢筋混凝土柱),它们的失效有可能不是应力超过材料强度所致,而是由失稳引起的。

我们不妨先看一个简单的试验。图 1-24 是一个支点横放的简支细杆,上面作用一个轴心压力 P。可以看到,当压力从零逐渐增大时,压杆有微量的压缩变形,但杆件仍保持为原来的直线;但当轴心压力 P 增大到某一临界值 P_{cr} 时,压杆突然向外鼓出而变成曲线,如图 1-24 所示。这种由一种变形状态(直线)突然变成另一种变形状态(曲线)的现象,称为失稳,此时的力称为临界力,用 P_{cr} 来表示。

压杆的临界力可由材料力学按失稳后的曲线(图 1-24)的平衡微分方程式,根据边界条件求出。如图 1-24 所示的侧向简支杆临界力的解为

$$P_{cr} = \frac{\pi^2 EI}{l^2} \tag{1-4}$$

这个临界力公式是欧拉(Euler)在 1744 年第一个从理论上研究得到的,故又称欧拉临界力。

非简支轴心压杆的临界力,以及要用变形曲线的切线来确定偏心压杆的临

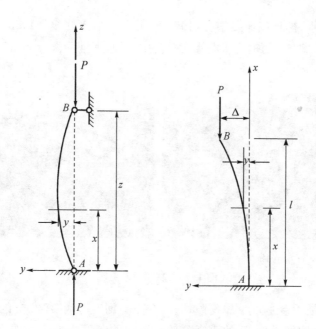

图 1-24　压杆的失稳

界力等,可在大学里有关课程中学到。

1.3　拱　和　索

　　拱结构和索结构在我国建筑物建造上的应用是很早的。

　　极其宝贵的古代石窟,如敦煌石窟、云冈石窟、龙门石窟等,在唐朝前后都已建造,并用拱盖承压来支持上面的重量(图 1-25)。根据北京图书馆馆刊"韩君墓发现记略"资料,在洛阳发现的周末韩君墓的墓门就有石拱卷。根据水经记载,拱在桥梁上的应用在晋朝前后就已开始。李春在河北赵县建造跨度为 37.02 m 的单跨石拱桥,即赵州桥(图1-26)。清乾隆三十年(1765 年)五月,乾隆皇帝赐名"安济",故又名为安济桥。

图 1-25　石窟结构

1937 年发大水，被日寇炸毁中孔，1956 年用木材衔接修复。1982 年 4 月，由地区公路工程队动工，用钢筋水泥修缮石桥中孔，水泥铺面。

(a) 赵州桥(一)　　　　　　　　　　　　　(b) 赵州桥(二)

图 1-26　赵州桥示意图

索结构是承受拉力的，我国西南各省的河流中多有索桥的建筑。建于 1696 年(清康熙四十五年)的西康跨越大渡河的跨度为 104 m 的铁索桥最为出名(图1-27)。45 年后在英国才出现一座跨度只有 70 ft(1 ft＝0.304 8 m)的铁索桥。索桥建筑是由中国传到欧洲的。

图 1-27　大渡河铁索桥

赵州桥坐落于河北省南部，建于隋代大业年间(公元 605—618 年)，由著名匠师李春设计和建造，距今已有 1 400 年的历史，是当今世界上现存最早、保存最完善的古代敞肩石拱桥，被誉为"华北四宝之一"。桥长 64.40 m，跨径

37.02 m,拱券高 7.23 m,是当今世界上跨径最大、建造最早的单孔敞肩型石拱桥。桥面宽 7.5 m,桥两侧各有 60 个石柱,上雕石狮,石狮形象生动,姿态各异,每尊石狮下还雕有 1~2 只小狮子,狮下有莲花座,通狮柱高 1.62 m,宽 0.32 m,桥栏板浮雕卷云纹,栏板高 0.84 m,宽 1.55 m,2.11 m 不等。桥墩分水口月台用石块堆砌,桥孔雕有水龙头。因桥两端肩部各有两个小拱,不是实的,故称敞肩型(没有小拱的称为满肩或实肩型)。有了这些小拱,一是可节省材料;二是减少桥身自重(减少自重 15%),便于增加桥下河水的泄流量,减少泄洪对桥身安全的威胁,这种聪明无比的措施,是世界造桥史上的一个创造,于 900 年后才在欧洲出现。

赵州桥建成至今已有 1400 多年历史,经历了 10 次水灾,8 次战乱和多次地震,特别是 1966 年,邢台发生了 7.6 级地震,邢台距赵州桥有 40 多千米,赵州桥都没有被破坏。著名桥梁专家茅以升说,先不管桥的内部结构,仅就它能够存在1300 多年就说明了一切。1963 年,水灾大水淹到桥拱的龙嘴处,据当地的老人说,站在桥上都能感觉桥身很大的晃动。据记载,赵州桥自建成至今共修缮 9 次。

1979 年 5 月,由中国科学院自然史组等 4 个单位组成联合调查组,对赵州桥的桥基进行了调查。赵州桥的自重为 2 800 t,而它的根基只是由 5 层石条砌成的高 1.55 m 的桥台,直接建在自然砂石上。

这么浅的桥基简直令人难以置信,梁思成先生 1933 年考察时还认为这只是防水流冲刷而用的金刚墙,而不是承纳桥券全部荷载的基础。他在报告中写道:

"为要实测券基,在北面券脚下发掘,但在现在河床下 70~80 cm,即发现承在券下平置的石壁。石拱 5 层,拱高 1.58 m,每层较上 1 层稍出台,下面并无坚实的基础,分明只是防水流冲刷而用的金刚墙,而非承纳桥券全部荷载的基础。因再下 30~40 cm 便即见水,所以除非大规模的发掘,实无法进达我们据学理推测的大座桥基的位置。"

为了保护赵州桥,20 世纪末在赵州桥东 100 m 处建了一座新的桥梁,其结构还是沿袭赵州桥,只是主拱上的小拱数量增加到一边 5 个,桥上有车轮印,膝盖印。

赵州桥有三点设计创新:

1. 采用圆弧拱形式

赵州桥改变了我国大石桥多为半圆形拱的传统。我国古代石桥拱形大多为半圆形,这种形式比较优美、完整,但也存在两方面的缺陷:一是交通不便,半圆形桥拱用于跨度比较小的桥梁比较合适,而大跨度的桥梁选用半圆形拱,就会使拱顶很高,造成桥高坡陡、车马行人过桥非常不便;二是施工不利,半圆形拱石砌石用的脚手架很高,增加施工的危险性。为此,李春和工匠们一起创造性地采用了圆弧拱形式,使石拱高度大大降低。赵州桥的主孔净跨度为 37.02 m,而拱高只有 7.23 m,拱高和跨度之比为 1∶5 左右,这样就实现了低桥面和大跨度的双重目的,桥面过渡平稳,车辆行人非常方便,而且还具有用料省、施工方便等优点。当然,圆弧形拱对两端桥基的推力相应增大,需要对桥基的施工提出更高的要求。

2. 采用敞肩

这是李春对拱肩进行的重大改进,把以往桥梁建筑中采用的实肩拱改为敞肩拱,即在大拱两端各设两个小拱,靠近大拱脚的小拱净跨为 3.8 m,另一拱的净跨为 2.8 m。这种大拱加小拱的敞肩拱具有优异的技术性能。首先,可以增加泄洪能力,减轻洪水季节由于水量增加而产生的洪水对桥的冲击力。古代洨河每逢汛期,水势较大,对桥的泄洪能力是个考验,4 个小拱就可以分担部分洪流。据计算,4 个小拱可增加过水面积 16% 左右,大大降低洪水对大桥的影响,提高大桥的安全性。其次,敞肩拱比实肩拱可节省大量土石材料,减轻桥身的自重。据计算,4 个小拱可以节省石料 180 m³,减轻自身重量约 500 t,从而减少桥身对桥台和桥基的垂直压力和水平推力,增加桥梁的稳固性。再次,增加了造型的美感。4 个小拱均衡对称,大拱与小拱构成一幅完整的图画,显得更加轻巧秀丽,体现了建筑和艺术的完美统一。最后,符合结构力学理论。敞肩拱式结构在承载时使桥梁处于有利的状况,可减少主拱圈的变形,提高了桥梁的承载力和稳定性。

3. 采用单孔

我国古代的传统建筑方法,一般比较长的桥梁往往采用多孔形式,这样每孔的跨度小、坡度平缓,便于修建。但是多孔桥也有缺点,如桥墩多,既不利于舟船航行,也妨碍洪水宣泄;桥墩长期受水流冲击、侵蚀,天长日久容易塌毁。因此,李春在设计大桥的时候,采取了单孔长跨的形式,河心不立桥墩,使石拱跨径长达 37 m 之多。这是我国桥梁史上的空前创举。

拱主要是受压的。如果要充分利用受拉性能良好的钢材,做成钢丝束之类的索,用悬吊形式做成结构,就成了悬索结构。悬索结构能充分利用高强材料的抗拉性能,使整个截面承受拉应力,可以做到跨度大、自重小、易施工等特点。我国是世界上最早应用悬索结构的国家之一。在古代就已用竹、藤等材料做吊桥,明朝成化年间(1465—1487 年)已用铁链建成霁虹桥,在近代大跨度桥梁、大跨度屋盖如体育馆、展览馆等工程中多有应用。其中,最引人注目的是双向正交索网结构,由互相正交的两组索组成,下凹的一组为承重索,上凸的一组为稳定索,两组索形成负高斯曲率的曲面。这种索网可用于椭圆平面、矩形平面、菱形平面（图 1-28），跨度可做到 100 多米。

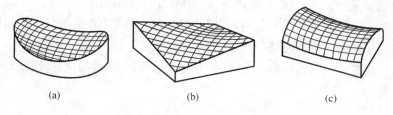

(a)   (b)   (c)

图 1-28 双向正交索网结构

在拱和索结构的力学分析中，有两个重要的内容，即合理拱轴和索的找形。下面简单加以介绍。

1.3.1 合理拱轴

拱的支座（即支点）所受的力主要是推力（即压力），而悬索结构支座（支点）所受的力则是拉力，因而地锚的合理性和可靠性就有其极其重要的意义。

梁在竖向力作用下不产生水平反力，如图 1-11 所示。当梁做成曲杆向上拱起但仍将支点做成一边固定铰支座另一边滑动铰支座时，此时仍与梁一样，不产生水平反力，是一个曲梁，如图 1-29 所示。但如果将曲杆的两边支点都做成固定支座或固定铰支座，如图 1-30 所示，此时由 $\sum X = 0$ 可知两

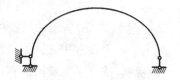

图 1-29 曲梁

边支点的水平反力不为零，而是大小相等方向相反，即 $H_A = H_B = F_H$，这个水平反力称为推力。拱与梁最主要的区别是推力，梁在竖向力作用下不产生推力，而拱则产生推力。

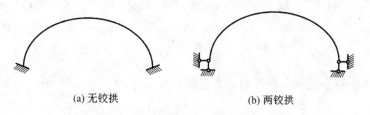

(a) 无铰拱   (b) 两铰拱

图 1-30 两支座为固定或铰支的拱

在支座处，向上竖向反力和向内水平反力的合力向着拱，因而拱是受压的。

由于合力不一定通过拱各截面的中性轴,因而拱各截面上除了轴向压力外还有弯矩和剪力,但一般来说轴力是主要的。由于砖石抗压性能很好,因而除了现代材料如钢筋混凝土等外,砖石自古至今一直常用在拱结构中。

由轴向压力产生的应力是均匀应力,而由弯矩和剪力产生的是不均匀应力。如果在已知外力作用下,拱所有截面的弯矩都等于零(只有轴向压力存在),则所有截面上都只有均匀的压应力,材料可得到充分的利用,拱的这种轴线形状称为合理拱轴。

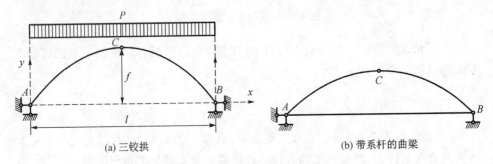

(a) 三铰拱   (b) 带系杆的曲梁

图 1-31　三铰拱和带系杆的曲梁

图 1-30(b)所示的两铰拱共有 4 个未知反力,将整个拱作为脱离体时只能列出 3 个平衡方程式。如果将拱分成两片,并且在中间做成铰节点,如图 1-31 (a)所示,就成了三铰拱。利用该铰节点可自由转动,不能抵抗力矩,因而无弯矩的特点,可将左半部分作为脱离体取出,再列出一个平衡方程式。这样,就有 4 个平衡方程式用于求解全部未知反力。所以,两铰拱是超静定拱,而三铰拱则是静定拱。

例如,当三铰拱全拱受到作用强度为 p(kN/m)的均布荷载作用时(图 1-31(a)),设拱两支座的竖向反力分别为 V_A、V_B,水平推力为 H_A,由此则有

(1) 由整个拱对 B 支座列力矩平衡方程式 $\sum M_B = 0$,可得:

$$V_A = \frac{pl}{2}$$

(2) 由整个拱列竖直方向的力平衡方程式 $\sum Y = 0$,可得:

$$V_B = pl - V_A = \frac{pl}{2}$$

(3) 由整个拱列水平方向的力平衡方程式 $\sum X = 0$,可得:

$$H_A = H_B$$

（4）取 AC 段拱对 C 节点列力矩平衡方程式，可得 $\sum M_C = 0$：

$$V_A \times \frac{l}{2} - H_A \times f - p \times \frac{l}{2} \times \frac{l}{4} = 0$$

所以得：

$$H_A = \frac{pl^2}{8f}$$

可见，仅仅通过列一系列的平衡方程式就可以求出三铰拱的全部未知反力。在求出全部支座反力后，拱上任意截面的内力便不难求出。

根据合理拱轴的要求，拱上任一位置 (x, y) 处截面上的弯矩应等于零，即

$$M_x = V_A \times x - H_A \times y - px \times \frac{x}{2} = 0$$

由此方程可以解出

$$y = \frac{1}{2H_A}(2V_A x - px^2) \tag{1-5}$$

这就是三铰拱在满跨均布荷载作用下的合理拱轴线方程式。

由于 V_A 和 H_A 均已求出，所以由上式可知，在竖向均布力作用下三铰拱的合理拱轴是一个二次抛物线。不同力作用下不同的拱有不同的合理拱轴线，但竖向均布力作用较接近像赵州桥那样有多孔的拱桥。由于无弯矩，不同的拱差别也不重要，因而采用弧形拱是工程上常用的选择了。

拱的支座存在推力，这将增加对支座抗推力的要求。为了减小支座的推力，也可以将三铰拱改造成如图 1-30(b) 所示的结构形式，即将拱的一个支座中的水平链杆去掉，而在两支座间增设一根系杆。这样，就使拱变成曲梁而无推力；而原有支座的推力则由系杆的拉力来代替。这样，对支座来讲，曲梁就没有推力了，支座建设要简单得多；此外，对结构来说，由于系杆的拉力相当于原来的推力作用，因而结构仍起着拱的作用，这是一个很好的改进。在那些对空间无特别要求的场合，如用在房屋的拱形屋架上，这样的曲梁拱是很好的。如对拱下净空有一定的要求，如桥梁下需要有一定的净空，此时也可将系杆向上提高一些，也能起到拱的内力相似的作用，但由于系杆提高，拱的内力减少得要小一些，即拱的作用要小一些，这是必然的。

1.3.2　索的找形

索(或称悬索)与拱不同。用砖石或钢筋混凝土做成的拱在外力作用下变形很小,因而即使在受力变形之后也可用原先的未受外力未变形的几何形状进行力学计算分析。而用钢丝做成的索在外力作用下变形较大,与原先的未受外力作用的状态有较大的不同,因而对于悬索结构来说,在进行力学计算分析时应考虑索形状变化的影响,称这样的分析为"索的找形"。

具体地说,首先要确定在初始荷载(如自重、预应力等)作用下整个结构的平衡位置,即初始状态;然后在初始状态下,结构在工作荷载作用下求出内力和位移,进行强度和刚度的验算。由于在工作荷载作用下状态又有变化,与原先的初始状态又有较大的不同,因而又需要修正。因而,初始状态一般需要通过多次试算进行选定。这是悬索结构最主要的特点,是悬索结构计算的非线性性质所在。

1.4　桁架和框架

在1.1节对梁结构的力学评估中已经说明:对于一般的梁,弯曲应力起着主要的作用;弯曲应力 σ 与弯矩 M 相对应,但梁的 M 在梁轴线方向和 σ 在梁截面的高度方向都存在对材料未充分利用的不足。在梁轴线方向,弯矩 M 是变化的,简支梁越靠近跨中越大。如果用等截面梁形式,当跨中正好满足强度要求时,越到跨边材料就越不能充分发挥作用,材料越浪费。在梁截面的高度方向,截面上弯曲应力 σ 呈边缘最大,越到中性轴越小。如果边缘弯曲应力正好满足强度要求,则越到中性轴弯曲应力越小,材料就越不能充分发挥作用,材料越浪费。

在第1.1节中也提出过将梁做成跨中大两边小的变截面梁和将截面做成上下边缘大而中心小的非矩形截面梁(如工字形截面梁)等,但仍不能做到所有截面和梁的所有纤维完全发挥作用。

在实践中,工程师们又提出了新的做法,即保持梁的外边缘尺寸不变,而将梁的内腹挖空,靠近支点处弯矩小,挖得多一些,靠近中心处弯矩大挖得就少一些,从而形成如图1-32(a)所示的结构。

这里涉及1.1节中提及的计算简图中节点的连接问题。目前最常用的节点连接有两种形式:刚接和铰接。刚接是指节点在受力变形前后夹角不变,亦即:

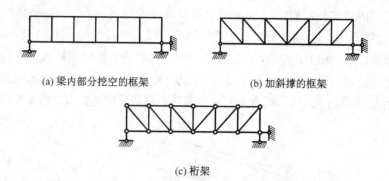

(a) 梁内部分挖空的框架　　　　(b) 加斜撑的框架

(c) 桁架

图 1-32　梁内部部分挖空的框架、加斜撑的框架和由铰接杆件组成的桁架

如果变形前刚接的两杆夹角是 90°的话,变形后尽管两杆的角度都可以有变化,但它们之间的 90°夹角仍保持不变,因而两杆的杆端都有弯矩存在。铰接是指节点在受力变形前后不但节点有转角而且夹角也可变,亦即:如果变形前铰接的两杆夹角是 90°的话,变形后该 90°夹角可以有变化,因而两杆的杆端都无弯矩存在。实际上,铰接和刚接仅是杆件间相互连接的两种常用的理想连接方式,在实际工程中虽可尽量按要求去设计,但一般总有或多或少的差距存在。

如图 1-32(a)所示结构的节点在构造上是连续的,可作为刚接点分析,称为刚节点。为了提高结构的刚度,也可在空腹框内加上斜撑,形成如图 1-32(b)所示的结构。由于三角形结构刚度很好,并不需要节点刚接提高刚度,因而也可将如图 1-32(b)所示结构的节点用铰接代替,称为铰节点。亦即,结构可由很多两端铰接的杆件组成,这种由两端铰接的杆件组成的结构,常称为桁架。这样,如图 1-32(a)所示的结构此时也可称为空腹桁架。

桁架经历了漫长的发展变化历程。公元 1137 年所建的五台山佛光寺文殊殿中,在主额(额为我国古建筑名)与辅额间以枋(我国古建筑名,两柱之间起联系作用的横木)、短柱、斜柱等联结,略似近代的双柱桁架。在欧洲,木质桁架早在公元 600—800 年已用作屋梁。1840 年,美国工程师威廉·豪威(W. Howe)提出了一个简单腹系的梁式木铁混合材料桁架的构造方案,这种桁架后来被称为"豪氏桁架"。此后,由于铁路的发展以及冶金学的进步,木质桁架逐渐被金属桁架所替代,桁架也逐渐发展到多种形式。

框架和桁架一样,在现代工程中应用都非常普遍。图 1-33 是高层建筑中常用的框架剪力墙结构。对于层数超过 50 层的超高层建筑,也常采用由框架-剪力墙结构演变发展而来的筒式结构,它将承受水平外力能力很强的剪力墙按需要集中到房屋的内部或外部而形成较大的空间和较大的刚度。图 1-34(a)是框架内单筒,还有框架外单筒;将外框架也改为筒体而变成筒中筒结构,见图 1-34(b);还可由多个筒体组合成的成组筒结构。如图 1-35 所示的香港中国银行大厦是由巨型桁架组成的超高层建筑。如图 1-36 所示的输电线塔、如图 1-37 所示的武汉长江大桥桁架、如图 1-38 所示的常用的桥式起重机桁架等则是典型的桁架结构体系。

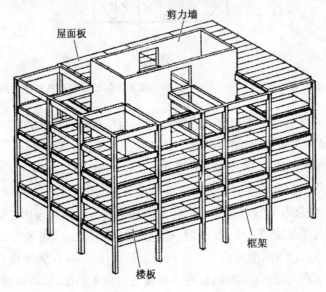

图 1-33　框架-剪力墙结构

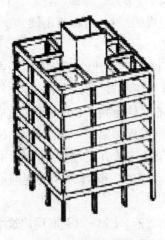

(a) 框架内单筒结构

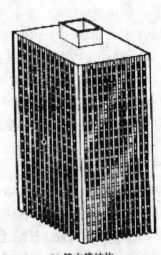

(b) 筒中筒结构

图 1-34　框架内单筒结构和筒中筒结构

图1-35 香港中国银行大厦

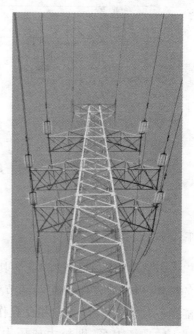

图1-36 输电线塔

图1-37 武汉长江大桥桁架

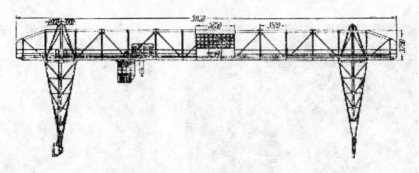

图 1-38 桥式起重机桁架

现在来讨论几个力学问题。

1.4.1 二力杆

桁架中两端通过铰节点与其他杆件相连接
的杆件,当外力仅作用在两端节点上时,它们只
能是一对大小相等、方向相反且作用在同一条直
线上的平衡力系,即拉力或压力,如图 1-39 所

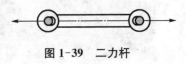

图 1-39 二力杆

示。这种两端铰接的杆件常称为二力杆,此时,杆内只有轴力。由于只产生轴力
的杆件应力均匀分布,材料的能力得到充分发挥,因而在工程上得到了广泛的
应用。

1.4.2 内力计算

框架一般是高次超静定结构,如图 1-32(a)所示的空腹框架为 18 次超静定
结构,需通过计算机才能求出各种响应,如内力、位移等。

桁架可以是静定的,也可以是超静定的。对于静定桁架,仅通过平衡方程式
即可求解出所有未知力。对于超静定桁架,则需再列出以变形为基础的方程式
才能求解。但在目前计算机应用极为普及的情况下,几乎所有土木工程结构的
内力计算都可通过计算机解决。

静定空间桁架的每个脱离体都可列出 6 个平衡方程式,可求出所有杆件的
内力,即轴力。静定平面桁架的每个脱离体都可列出 3 个平衡方程式,即 $\sum X$
$= 0, \sum Y = 0, \sum M = 0$,可求出所有杆件的轴力。计算内力的最常用方法就
是用前面讲到的脱离体法,即:截断桁架中某些杆件和有关支座,取出脱离体,列

出相应数目的平衡方程式,求出未知轴力。如果一次用剖面截出结构的一部分(含多个节点),则称这种方法为截面截开法或简称截面法。这种方法每次可列出 3 个平衡方程式,求出 3 个未知轴力。如果每次截开的部分只是一个节点,则称这种方法为节点截开法或简称节点法。由于此时所有力汇聚在一个节点上,已不能用 $\sum M = 0$ 这个条件,因而每次只可用两个平衡方程式求出两个未知轴力。

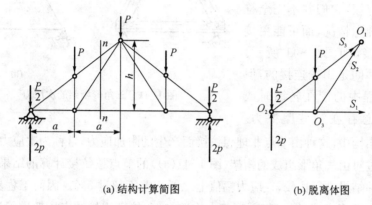

(a) 结构计算简图　　　　　　　(b) 脱离体图

图 1-40　截面截开法

如图 1-40(a)所示的桁架,为求下弦杆的轴力 S_1,可用截面法将包含下弦杆的部分用截面截开,截断处的未知杆件轴力不能多于 3 个。为求 S_1,可对另两个杆件轴力的交汇点 O_1 列力矩平衡方程,即 $\sum M_{O_1} = 0$,如图 1-40(b)所示。此时有:

$$\left(2P - \frac{P}{2}\right) \times 2a - P \times a - S_1 \times h = 0$$

故

$$S_1 = \frac{2Pa}{h}$$

求出 S_1 后,另两根杆的内力可通过对脱离体列平衡方程式 $\sum X = 0$ 和 $\sum Y = 0$ 来求出。也可仍采用 $\sum M = 0$ 的条件,通过对所求内力杆件之外的其他二杆的交点列力矩平衡方程式而求出。

1.4.3 次应力

桁架的杆件两端是铰接的,并且假定铰转动是无摩擦的,这样的铰称为理想铰。实际工程中的结构节点常采用铆接或焊接,它们并不完全符合这一理想情况,而可能更接近于刚接,如图 1-41 所示。即使杆件间是用铰连接的,但实际工程中的铰在转动时或多或少总存在一些摩擦力。

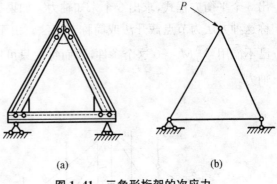

(a)　　　　　　　　　(b)

图 1-41　三角形桁架的次应力

在桁架结构中,这种由节点非理想铰接而产生的附加应力,常称为次应力。

经过对由三角形组成的桁架(图 1-41(a))的节点按铰接计算的结果与按刚接计算的结果进行比较,在应力幅值上二者相差不超过 5%。因而工程界认定,对于由三角形组成的桁架,不管节点构造如何,按理想铰结点桁架进行计算,能满足工程要求。由三角形组成的桁架是几何不变的,其受力能力和抵抗变形的能力都很好,因而在工程上得到广泛的应用。对于图 1-41(b)所示的由三角形组成的刚节点框架,在工程上完全可以由图 1-41(c)所示的由三角形组成的铰节点桁架代替。

1.4.4 各种形式桁架受力比较

图 1-42 表示三种外形的同跨度、同荷载、同腹系的桁架杆内力的变化情况。可以看到,桁架高度在靠近支座减低后,弦杆内力将大大增加。因而,如果无空间限制,平行弦桁架或桁架高度在靠近支座处略微减小变成梯形的桁架,可使弦杆内力较小或较为均匀。

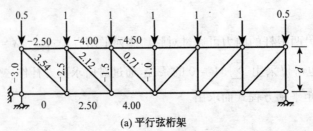

(a) 平行弦桁架

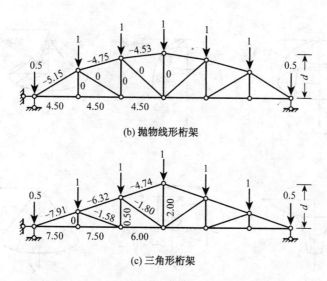

(b) 抛物线形桁架

(c) 三角形桁架

图1-42　不同型式桁架在同一荷载下的受力图

1.5　板　和　壳

在生活中,只要你到江边、湖边、河边看看,就会看到:鱼在水中游,蟹在土上爬来爬去,螺蛳则时常把头缩进伸出。如果再仔细观察,就会发现它们都有一个曲面,生物界有很多外形长成双曲面。用双曲的外形曲面能承受比平面更高的压力。

曲面可用直角坐标来表示。一次方程所表示的曲面称为一次曲面,即平面;二次方程所表示的曲面称为二次曲面;依此类推。房屋结构常用的曲面一般是二次曲面。

曲面按其形成过程有好几种,但以旋转曲面和平移曲面最为常见。

旋转曲面是以一根平面曲线(经线)绕其平面内的一根轴线旋转而成。常用的经线有圆弧、抛物线、双曲线、直线等。以圆弧经线旋转而成的曲面为球形曲面,以抛物线经线旋转而成的曲面为旋转抛物形曲面,以平行于Z轴的直线为经线旋转而成的曲面为圆柱面,以倾斜直线为经线旋转而成的曲面为圆锥曲面,如图1-43所示。

平移曲面是以一根竖向曲线(母线)沿另一曲线(导线)平行移动所形成的曲面。常用的有两种:①椭圆抛物面,它是以一竖向抛物线(母线)沿另一凸向与之

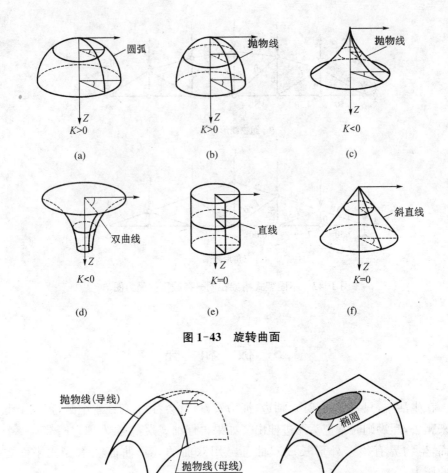

图 1-43　旋转曲面

图 1-44　椭圆抛物面

相同的抛物线(导线)平行移动所形成的曲面,如图 1-44 所示,因为这种曲面和水平面的截交曲线为椭圆,故称椭圆抛物面;②双曲抛物面,它是以一竖向抛物线(母线)沿另一凸向与之相反的抛物线(导线)平行移动所形成的曲面,如图1-45所示,因为这种曲面和水平面的截交曲线为双曲线,故称双曲抛物面。

　　这些曲面可以通过切割或组合而形成新的形式,如图 1-46 所示。

　　在工程中,板和壳的应用例子是很多的。其中,表面为平面的称为板;表面为曲面的称为壳。四边支承的单跨板和连续板在楼面和屋面上都有应用;壳在

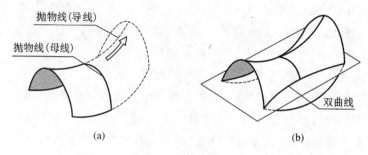

图 1-45 双曲抛物面

图 1-46 由基本曲面切割形成的曲面

屋顶上和建筑物外形上也最为常见。图 1-47 为电力工业中常用的双曲型冷却塔,是英国渡桥电厂的 8 座双曲型冷却塔,可惜其中有 3 座在 1969 年被风吹坏;图 1-48 为网架式壳体屋顶。

图 1-47 双曲冷却塔

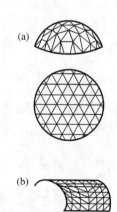

图 1-48 用交叉杆系代替实心薄壳的网架屋顶

1.5.1 板壳的力学特性

梁是单向受力,而板壳是双向受力,因而从抗力性能上讲要比梁强得多。

1.1 节中曾讲到的梁式板或板梁,与梁一样只有两端是有支持的,它们的力学特性是一样的,都是一个方向受弯,弯曲应力是主要的,其区别仅是梁高远大于板高(厚)。我们不妨做一个试验,如果把只有两端有支持的梁式板改为四边都有支持的板,显而易见它的抵抗外力的能力将会大得多。举例来说,将一个只有两端简支的正方形梁式板、一个四边都有支承的正方形简支板、还有一个投影尺寸与它们相同且四边都简支的壳放在一起比较。就最大变形(位移)而言,在同样外来荷载的作用下,力学计算结果表明,板的中点最大变形(位移)只有梁式板的中点最大变形(位移)的 31%,要小 3 倍多;而四边都简支的壳,随着矢高的变化,中点最大变形(位移)要小十倍到几十倍之多。这说明生物界采用双曲的外形能承受比平面更高的外来压力是有很深力学道理的。

由于板壳的厚度会影响计算的要求和精度,因而从力学来讲,常以厚度进行分类。

对于板,当板厚与板的最小边长之比大于 $\frac{1}{5}$ 时,称为厚板;当板厚与板的最小边长之比小于 $\frac{1}{80}$ 时,称为膜板;当板厚与板的最小边长之比在 $\frac{1}{80}$ 和 $\frac{1}{5}$ 之间时,称为薄板。对于厚板,必须按弹性力学空间问题进行较全面分析。对于薄板,由于厚度较小,完全可以略去某些非重要因素而作出一些简化,其中最主要的是以试验为基础的基尔霍夫假设,即变形前垂直于薄板中面的直线段,在薄板变形后仍保持为直线。由这个假设及其他一些简化,使得薄板的计算大为简便。对于膜板,由于厚度极小,其抗弯刚度很小,基本上只能承受膜平面内的张力。

对于壳,常以厚度与中面曲率半径之比来区分。二者之比小于等于 $\frac{1}{20}$ 时,为薄壳;不能满足这个条件者为厚壳。与板一样,在计算薄壳时,由于其厚度较小,完全可以略去某些非重要因素而作出一些简化。

1.5.2　板壳受力分析要点

在板壳结构几何尺寸等比较规则时,常可采用基于弹性力学的解析方法分析。但由于板壳结构分析计算要比杆系结构分析计算麻烦得多,所以对一些精度要求并不很高的结构,有时也可采用简化方法进行分析。对板而言,最常用的简化方法是将板沿两个方向都分为若干条,以两个方向条的中点位移相等为条件,求出两个方向条的外力分配值,从而求出两个方向条的内力和应力。对壳来说,也可将两个方向化为拱条来简化分析。

由于计算机的应用日益方便和普及,对于任意的(包括几何尺寸等比较规则或不规则的)板壳结构,都可借助于计算程序进行分析。

可以看出,板可以看作是两个方向的梁的共同作用,而壳则可以看作是两个方向的拱的共同作用。由于拱的抗压能力远大于梁,因而壳的抗压能力远大于板,这是显而易见的。

以上介绍了土木工程中最基本的 10 种结构形式,即梁、梁式板、墙、柱、拱、悬索、桁架、框架、板和壳。对于前面 8 种,仅介绍了平面受力的情况,但可以将它们加以组合。例如,两片拱上面铺以梁板,就形成实际的桥梁;多个桁架组合就变成空间桁架;多个框架组合就变成空间框架,等等。后两种则可以独立应用在工程上。10 种基本结构形式及其组合已包括了土木工程结构的绝大部分,是了解土木工程和力学最重要的方面。

第 2 章
作用或荷载的力学概念和计算问题

第 1 章所讲的土木工程结构上的外部作用力仅是示意图,实际上土木工程结构上的外部作用很复杂,类型也很多。习惯上,把施加在工程结构上使结构产生效应的各种直接作用称为荷载,它们通常以直接作用在结构上的力来表达,如结构自重荷载、楼面屋面上的人群等的活荷载、厂房的吊车荷载、风荷载、雪荷载、裹冰荷载等;把使结构产生效应的各种间接作用(如地震、温度变化、支点沉降等)仍称为作用,它们通常或者是使结构产生相应惯性力的形式来表达,如地震作用,或者使结构产生变形作为外在因素直接进行分析,如温度变化和支点沉降等。

对土木工程结构而言,除了低矮房屋等工程外,对于高层建筑、高耸结构、大跨度桥梁、大跨度屋盖等具有高、大、细、长等特征的柔性结构,往往是地震作用和风荷载起决定作用,处理不当或失措可造成工程结构损伤或破坏,给人民生命财产带来重大的损失。

土木工程结构在地震作用或风荷载作用下,由于输入的作用具有随时间迅速变化的成分,工程结构将产生振动,因而在掌握地震作用或风荷载之前,必须先了解结构振动力学。

对于工程和工程力学,如果只停留在概念和公式上,还不能解决问题。必须进行具体的计算,才能解决问题。而工程结构很复杂,必须建立具有很多未知数的联立方程求解。而对各种参数,有的还必须通过实地记录、或实测、或模型试验来解决。这样,计算力学的必需工具——计算机,和实验力学中的各种实验方法,就必须首先了解和掌握。工程和工程力学有两只"手":一只是计算机,另一只是实验,它们是必不可少的。

本章将就对工程结构影响最大的地震作用和风荷载加以叙述,在此之前先介绍与之有关的结构振动力学理论以及计算机和实验内容。

2.1　结构振动力学基础

20 世纪 60 年代,上海的报纸上曾刊登过一篇文章,讲到了振动及有关知识,还列举了一些实例。在 16 世纪 80 年代,著名的科学家伽利略在参加佛罗伦萨大教堂举行的庆祝典礼时,看到挂在圆屋顶下的一只吊灯台在摇晃,起初它的晃动幅度很大,以后越来越小,这个情景引起了他的注意。他用数脉搏跳动次数的方法来观察灯台摆动的情况,惊人地发现,尽管灯台摆动的幅度越来越小,但每次摆动和脉搏跳动的次数都相同。结果,伽利略发现了振动力学中的一个基本规律:某一物体在某种外因使它偏离平衡位置后,每次摆动所需时间是不变的,摆动与外因的条件无关,是由物体本身的固有特性或称为自振特性所决定的。因而,每次摆动所需要的时间(秒数)在振动力学中被称为物体的固有周期或自振周期,有时在不致混淆的情况下简称为周期。而它的倒数,即每秒摆动(振动)的次数,称为固有频率或自振频率,有时在不致混淆的情况下也简称为频率,而摆动的形式,则称为振型。

实际上,任何结构在运动时都会受到阻力。上面谈到的佛罗伦萨大教堂举行庆祝典礼时挂在圆屋顶下的那只吊灯台,在摇晃时,起初它的晃动幅度很大,以后越来越小,这就是结构所受到的阻尼力在起作用。正是由于阻尼力的存在,才使得结构振动在一般情况下最终会停下来。

大约在 200 多年前,拿破仑的军队入侵西班牙,有一个部队在铁链索桥上整步前进,当他们将要走近对岸的时候,突然,轰隆一声巨响,桥的一头断了,所有的士兵和军官都掉进了水里,淹死了很多人。大约在 100 多年前,这一悲剧又重演了。在旧彼得堡丰坦卡河桥梁上,那天桥上熙熙攘攘的行人和你追我赶的车辆,与平日没有异样,桥梁也引起振动,但它的振幅很小,几乎感觉不到,但当一队军队用有节奏的步伐过桥时,突然桥梁却倒塌了,整个一排人统统掉进了河里。这些都是共振在作怪。当军队以有节奏的步伐行走时,产生了干扰频率,当干扰频率与桥梁的固有频率一致时,产生了共振现象,振幅越来越大,以至于发生惨祸。实际上,由于结构存在阻尼力,即使对于共振这一严重的情况,按结构阻尼力的大小,也不至于使共振振幅无限制增大,但共振振幅比一般非共振振幅还要大得多,如果结构内部的抵抗力不足以抵抗因外部作用产生共振所引起的力(它比一般非共振的情况要大得多),结构仍旧要发生破坏或倒塌。

为了吸取塌桥的教训,世界各国差不多都有一条不成文的规定:在军队过桥的时候,不能齐步走,更不能整步走。像这样因共振而引发的惨痛事件再也不能发生了。

工程建设与日常生活是有些不同,在日常生活中,我们可能需要共振。比如听收音机,只有当收音机的频率与电台发出的频率一致,即共振时,声音幅度才最大,我们才能听到清晰的声音。在工程建设中,我们往往需要避免出现共振现象。当工程结构所受到的外来干扰的频率与结构的固有频率一致时,共振发生,此时虽有阻尼力来帮忙以至于共振振幅不会越来越大,但共振振幅和一般非共振振幅相比还是要大得多,结构仍旧可能要发生破坏或倒塌。

上面讨论了振动力学中的几个重要概念,即周期、频率、振型、阻尼力、共振等。其中,周期和频率如果是结构本身的,可称为结构固有周期和固有频率;如果是外部干扰力的,则可称为干扰周期和干扰频率。

现在转到工程结构上。

2.1.1 自由度

在结构振动过程中,按牛顿定律,结构上凡有质量处均产生惯性力,它等于质量 M 乘以加速度 a。为了确定结构的位移和内力,必须确定每一质量独立的位移参数。

任一团集质量在空间中需要 6 个独立的位移参数才能确定其位置,即沿 3 个相互垂直的坐标轴 x,y,z 轴的独立线位移和绕这 3 个坐标轴的角位移(转角)。因而,该团集质量有 6 个自由度。如果在平面上,则只需要 3 个独立的位移参数就能确定其位置,即:沿两个相互垂直的坐标轴 x,y 轴的独立线位移和绕另一个垂直坐标轴 z 的角位移(转角)。因而,该团集质量有 3 个自由度。如果在平面上结构的某些运动受到限制,或者说这些运动可以忽略不计,则结构的自由度将相应减少。如图 2-1 所示的端部有一个团集质量的悬臂梁:梁本身的质量忽略不计,梁的轴向变形也忽略不计;团集质量体积很小,以至忽略它的转动。在团集质量只做微小运动的情况下,可以认为该团集质量沿 z 方向(即上下方向)不能移动,只有沿 y 方向(即左右方向)能够移动。此时可以认为,团集质量只有一个独立的位移参数,因而只有一个自由度。或者,可称该结构为单自由度结构,其振动形式如图 2-1(b)所示。上面提到的佛罗伦萨大教堂里挂在圆屋顶下的那只摇晃的吊灯台,就只有一个自由度。一般来说,结构上的团集质量越多,自由度数也就越高。

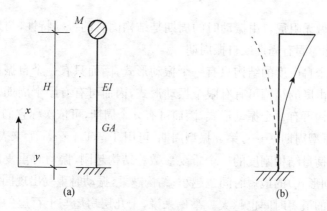

图 2-1　单自由度的竖向悬臂梁及其一个振型

　　任何工程结构的质量实际上都是连续分布的,有的还会附有若干个团集质量,因而都是无限自由度结构。如果忽略结构本身连续分布的质量而只考虑附加在上面的团集质量,或者把连续分布的质量团集起来,不管团集质量有多少,都是有限自由度结构。图 2-2 是一个有两个自由度的悬臂梁,它的振型有两个,如图 2-2 所示。

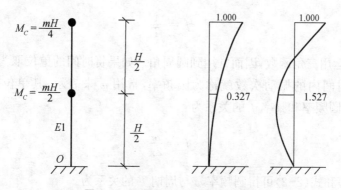

图 2-2　两自由度柱及其两个振型

　　可以看出,实际工程结构的质量是由连续分布或很多个团集质量组成,因而自由度数是很高的,常常是几十、几百甚至成千上万个。为了分析计算,必须应用计算机和编制程序才能完成任务。

2.1.2　周期

　　结构重复出现同一运动状态(振动形式)的最短时间间隔称为周期,常用大写字母 T 表示。

结构在做无阻尼自由振动时的周期是结构固有的振动特性,与外界因素无关,因而常称为固有周期或自振周期。

具有一个自由度的结构只有一个振动形式,因而只有一个自振周期。具有有限多个自由度的结构可有有限个振动形式,因而可有有限个周期。具有 n 个自由度的结构可有 n 个振动形式,因而可有 n 个周期,可依次称它们为第 1 振型周期,第 2 振型周期,……,第 n 振型周期,可用 T_1,T_2,…,T_n 来表示。

周期是衡量结构刚度的一个重要参数。结构越刚,振动时重复出现同一运动状态(振动形式)的最短时间也越小;结构越柔,振动时重复出现同一运动状态(振动形式)的最短时间也越大。举例来说,十几层房屋与上百层的高层建筑相比,前者刚度较大,第 1 振型周期就较小,一般只有 1 秒上下;而后者刚度较小,第 1 振型周期就很大,可达十秒左右。

2.1.3 频率

单位时间内的振动次数,称为频率。通常选取的时间单位为秒(s)。此时的频率常称为赫兹(Hz)。频率常用 f 来表示。频率 f 是周期 T 的倒数,即

$$f = \frac{1}{T} \tag{2-1}$$

力学上常运用三角函数,因而常用到圆周角。如果将时间的单位取为 $2\pi(s)$,此时 $2\pi(s)$ 时间内的振动次数就称为圆频率,常用 ω 来表示,其单位是弧度/秒(rad/s)。圆频率和频率 f 的关系为

$$f = \frac{\omega}{2\pi} \tag{2-2}$$

由式(2-1)和式(2-2)可得圆频率 ω 与周期 T 的关系为

$$\omega = \frac{2\pi}{T} \tag{2-3}$$

结构在做无阻尼自由振动时的频率与自振周期一样也是结构固有的振动特性,与外因无关,因而常称为固有频率或自振频率。

具有一个自由度的结构只有一个振动形式,因而只有一个自振频率。具有有限多个自由度的结构可有有限个振动形式,因而可有有限个频率。具有 n 个自由度的结构可有 n 个振动形式,因而可有 n 个频率,可依次称它们为第 1 振型频率、第 2 振型,……,第 n 振型频率(或为第 1 频率,第 2 频率等),可用 f_1,f_2,

…，f_n 来表示。

频率与周期一样也是衡量结构刚度的一个重要参数，但它是周期的倒数。所以，结构越刚，单位时间内的振动次数越简称多；结构越柔，单位时间内振动的次数越少。仍以上例来说明，十几层房屋与上百层的高层建筑相比，前者刚度较大，第 1 频率就较高，一般为 1 Hz 上下；而后者刚度较小，第 1 频率就很低，一般只有 0.1 Hz 左右。

2.1.4 振型

每一自振周期或自振频率都对应着相应的振动形式，称为振型。图 2-1 和图 2-2 所示的就是单自由度和二自由度柱的振型。振型序号越高，振型曲线拐弯点也越多，这种振型在实际结构中的表现也越不明显。对于一般的工程结构，在计算分析中只需考虑前几个或几十个振型即可。

振型与自振频率和自振周期相对应，也是结构固有的振动特性，与外因无关。

2.1.5 阻尼力，阻尼比

任何结构，只要有运动，就会产生阻尼力。佛罗伦萨大教堂举行庆祝典礼时，挂在圆屋顶下的一只吊灯台在摇晃，起初它的晃动幅度很大，以后越来越小，这就是结构运动存在阻尼力的例子。如果你用手去摇一棵树，放手之后树就会不断地左右摇动，但最终还是会停下来，这也是树结构运动存在阻尼力的例子。

结构内部的阻尼力是很复杂的，随结构和条件不同而不同。目前常根据基于某些试验而建立的假设来进行工程结构的阻尼力计算，应用最多的是黏滞阻尼假设，它是在黏滞体包围的物体上进行试验的基础上提出阻尼力 D 与物体速度 v 成正比而阻尼力的方向与物体运动方向相反的假定，即

$$D = cv \tag{2-4}$$

式中，c 为黏滞阻尼系数。

阻尼系数 c 越大，表示阻尼力越大，结构振动衰减得就越厉害。当它到达临界值 c_{cr} 时，结构就由衰减的振动转为不产生振动的纯衰减运动。设

$$\zeta = \frac{c}{c_{cr}} \tag{2-5}$$

由于 ζ 是实际阻尼系数与临界阻尼系数的比值，故常称 ζ 为临界阻尼比，或简称

阻尼比。

一个自由度的结构只有一个振动形式,因而只有一个阻尼比。有限自由度的结构可有有限个振动形式,因而可有有限个阻尼比。n 个自由度的结构可有 n 个振动型式,因而可有 n 个阻尼比,可依次称为第 1 振型阻尼比,第 2 振型阻尼比,…,第 n 振型阻尼比,可用 ,ζ_1,ζ_2,…,ζ_n 来表示。

阻尼比是衡量工程结构振动幅度大小的一个重要参数,与材料有密切关系,通常根据实测来确定。我国规范与大多数国家的规范一样,在国内外大量实测资料的基础上给出了工程结构阻尼比的值。例如,对于第 1 振型阻尼比,一般钢结构取 $\zeta_1 = 0.01$,房屋钢结构取 $\zeta_1 = 0.02$,钢筋混凝土结构取 $\zeta_1 = 0.05$。这说明,一般钢结构 $\zeta_1 = 0.01$,振动衰减很快,而钢筋混凝土结构 $\zeta_1 = 0.05$,振动衰减很慢。

2.1.6　响应,共振响应

在干扰力作用下,结构将产生作用 R,R 可以是位移 Δ,内力 M,Q,N 和应力 σ 等。当干扰频率与结构的固有频率一致时,就会产生共振现象,结构响应就会变得很大。由于结构存在阻尼,按结构阻尼力的大小,共振响应虽不会越来越大,但一般比非共振情形的响应还是要大得多,工程界应特别予以注意。

对于多自由度结构,每一振型都将产生响应,第 j 振型的响应可用 R_j 表示。按照统计原理,由于各振型响应是独立的,结构的总响应可采用将各振型的响应 R_j 平方后求和、然后再开方的方法来确定,即所谓的"平方总和开方法",用英文表示就是"Square-Root-Sum-Square Method",即

$$R = \sqrt{R_1^2 + R_2^2 + \cdots + R_n^2} \tag{2-6}$$

现以单自由度结构为例。干扰力为周期性的简谐力 $P(t) = P_0 \sin \theta t$,θ 为干扰力圆频率。按结构振动力学,该结构的响应稳态解亦为周期振动,位移为

$$\Delta = \frac{\Delta_s}{\sqrt{\left(1 - \dfrac{\theta^2}{\omega^2}\right)^2 + \left(2\zeta \dfrac{\theta}{\omega}\right)^2}} = \mu \Delta_s \tag{2-7}$$

式中　Δ_s ——当周期性简谐力的幅值 P_0 作为静力作用时结构的静位移,脚标 s 表示静力(static)的意思;

　　　μ ——由于动力作用而对静力位移进行的放大,称为动力放大系数,或简称放大系数。

可见,结构的动力位移大小主要取决于放大系数。不同的圆频率比 $\dfrac{\theta}{\omega}$ 和不同的阻尼比 ζ 对动力位移 Δ 的影响可用放大系数 μ 来表达,如图 2-3 所示。

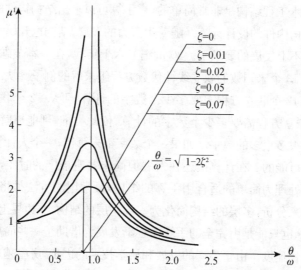

图 2-3　不同圆频率比 $\dfrac{\theta}{\omega}$ 和不同阻尼比 ζ 与放大系数 μ 的关系

从图中可以看出,圆频率比 $\dfrac{\theta}{\omega}$ 越接近于 1,放大系数 μ 越大。当圆频率比 $\dfrac{\theta}{\omega}$ 等于 1 时,即干扰力圆频率等于自振圆频率,也就是发生共振时,放大系数 μ 最大,它等于 $\dfrac{1}{2\zeta}$。此时,如上所述,第 1 振型阻尼比,一般钢结构取 $\zeta_1 = 0.01$,房屋钢结构取 $\zeta_1 = 0.02$,钢筋混凝土结构取 $\zeta_1 = 0.05$,则共振放大系数 μ 分别为 50,25 和 10,即共振时的动力位移要比静力位移分别大到 50,25 和 10 倍。可以看到,共振时由于阻尼的影响,位移虽不会无限增大,但它比一般位移大很多。而且即使不是共振,但越接近共振,响应增大也很快,应该予以密切注意。

2.2　计算机和实验

要完成土木工程和工程力学的计算,是离不开计算机这个先进工具的,而计算时所需工程结构的一些参数,常常依靠实验来取得。因此,计算机和实验已成为土木工程和工程力学完成计算必不可少的和要掌握的知识和内容。

2.2.1　计算机和结构分析程序

早期的土木工程结构是非常简单的,靠手算可以求出结构构件的内力和位移,从而可进行结构构件的设计计算。随着生产力的发展,结构也开始变得复杂起来,单靠手算已跟不上发展的要求了。20 世纪五六十年代,在一本杂志上有一篇文章曾举了一个有 13 个未知数的联立线性代数方程组求解的例子。从 13 个联立方程用消去法变成 12 个联立方程需要多少个数字的计算,再从 12 个联立方程用消去法变成 11 个联立方程需要多少个数字的计算,依此类推,到能够解出这些未知数时一共需计算很多很多的数字。如果一个数字都未算错,一个人计算需要好多年,这实际上是不可能的。在计算机还在发展但尚未普遍推广的时候,工程师们就只能把复杂结构处理为简单的适合用手算的结构,最常用的方法是将超静定结构简化为静定结构来分析,多层的结构简化为一层一层的结构,在边界上加以简化来处理,等等。计算也只能是由完全的手算而逐渐发展为借助于一些简单计算工具,如计算尺等来加快速度。由于生产的发展和科学技术的进步,房屋越造越高,桥梁越造越长,等等,这就难免会遇到需要求解几十、几百、几千甚至几万个联立方程才能求出所需要的响应的问题。这时,仅靠手算,或者即使是借助于计算器等简单计算工具,就无法满足需要了,只能依靠随之发展起来的计算机才能解决问题,而计算机的运算速度也是随着生产发展的需要而飞跃发展的。从而,计算机已成为工程结构力学计算和分析所必不可少的重要工具。

用计算机解算问题,需要事先确定解题过程,并用机器指令或机器所能接受的语言描述出来,描述的结果称为"程序",编写程序的过程称为"程序设计"。

可用于结构分析计算的程序称为结构分析程序。有很多这类的程序,这里仅介绍两个比较常用的 SAP 程序和 ANSYS 程序。

1. SAP 结构分析程序

SAP 程序的英文全名是 Structural Analysis Program。它是在美国加州大学伯克利分校的 K. J. Bathe,E. L. Wilson 和 F. E. Peterson 等主持下用 Fortran Ⅳ语言编制的,是国际上著名的中等规模的结构分析程序。它经历了 SAP (1970 年), SAP2, SAP4, SAP5, SAP84, SAP2000 等阶段。每改进一次,功能都有所创新。

SAP 程序对于线性结构的计算来说比较方便,它填写的数据文件也很简单,只有标题卡(可空)、主控制卡(节点数、单元批数、静动力等)、节点数据卡、单元数据卡、材料卡、载荷因子卡等,即可进行计算。上海东方明珠电视塔的受力分析就采用了 SAP 结构分析程序。

关于 SAP 程序的具体使用方法等,可详见 SAP 程序使用手册等参考资料。

2. ANSYS 结构分析程序

1970 年,John Swanson 博士创建了 ANSYS 公司,总部位于美国宾夕法尼亚州的匹兹堡。ANSYS 结构分析程序经过多次开发和改进,现在的版本已增加了很多内容,特别在结构非线性和索结构的定形、子结构、单元类型等问题上有很大的变化和增强,目前已成为我国大专院校、科研单位、工程设计单位很受欢迎的结构分析程序。北京国家体育场工程(即"鸟巢"工程)的受力分析就采用了 ANSYS 结构分析程序。

ANSYS 结构分析程序的具体应用可详见 ANSYS 使用手册。

应用 ANSYS 程序和应用 SAP5 程序,在线性结构解题上结果是相同的,因为都是以相同的有限单元法为基础。上面所举的例子,用两个程序计算结果是相同的。

现以一平面悬臂结构为例来说明。图 2-4 是一个等截面悬臂柱结构按无限自由度体系计算得到的前 3 阶圆频率($\omega = 2\pi f$)和振型的精确解。

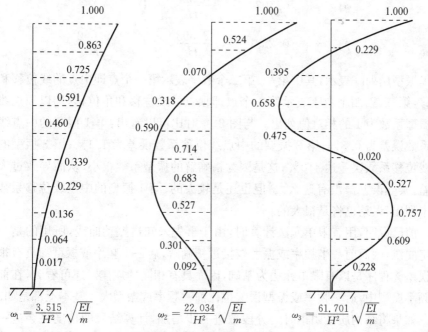

图 2-4 等截面悬臂弯曲型结构前三个频率和振型

按 SAP5 结构分析程序计算,如将结构仅均分 2 段,它应有 4 个自由度,独立位移为:柱中点的线位移和角位移,柱顶点的线位移和角位移。现求得为:

圆频率:

$$\omega_1 = \frac{3.518}{H^2}\sqrt{\frac{EI}{m}} \text{ (误差为 } 0.1\% \text{)};$$

$$\omega_2 = \frac{22.222}{H^2}\sqrt{\frac{EI}{m}} \text{ (误差为 } 0.9\% \text{)};$$

$$\omega_3 = \frac{75.169}{H^2}\sqrt{\frac{EI}{m}} \text{ (误差为 } 21.8\% \text{)};$$

$$\omega_4 = 218.276\sqrt{\frac{EI}{m}} \text{ (误差 } 80.4\% \text{)}.$$

振型:

$$\{\phi\}_1 = \left\{\begin{matrix} 0.340 & \dfrac{0.582}{H} & 1 & \dfrac{0.688}{H} \end{matrix}\right\}^{\mathrm{T}}$$

$$\{\phi\}_2 = \left\{\begin{matrix} -0.722 & \dfrac{0.217}{H} & 1 & \dfrac{2.408}{H} \end{matrix}\right\}^{\mathrm{T}}$$

$$\{\phi\}_3 = \left\{\begin{matrix} 0.102 & -\dfrac{3.825}{H} & 1 & \dfrac{4.521}{H} \end{matrix}\right\}^{\mathrm{T}}$$

$$\{\phi\}_4 = \left\{\begin{matrix} 0.253 & \dfrac{2.598}{H} & 1 & \dfrac{9.662}{H} \end{matrix}\right\}^{\mathrm{T}}$$

这里振型用列阵表示,其中第一、第二个数字表示第一个点即中点的线位移和角位移,第三、第四个数字表示第二个点即顶点的线位移和角位移,均以顶点线位移振型系数为 1 的相对值列出。与图 2-4 对比可以看出:第 1 振型的中点线位移系数误差为 0.3%;第 2 振型的中点线位移系数误差为 1.1%;第 3 振型的中点线位移系数误差达 410%,这是因为精确解的振型系数很小,从而导致过大的误差,实际误差虽没有这么大,但也还是较大的;第 4 振型的中点线位移系数图中未列出,误差也将是很大的。

前已说明,用有限单元法计算时,由于事先未知道振动曲线,所用的是一条假定曲线,因而前一半频率或振型较接近精确解,后一半频率或振型却具有很大的误差。程序是以有限单元法为基础,因而具有相同的规律。还可看到,在前一半频率振型中,后一频率或振型误差也比前一频率或振型大。基本上都是如此。

如果将结构质量团集时的分段数进一步增加,计算结果的精度将会进一步提高。

2.2.2　实验和实地记录

要进行土木工程或工程力学计算,除了计算机和结构分析程序必须掌握外,还必须输入与工程结构有关的力学数据才能进行计算。

实地记录提供了最直接最精确的数据。例如,在某个地震作用时实地记录了地面加速度随时间变化的波形,则提供了一个真实的样本。我国抗震规范就是依据近两百个样本而制订的,也可以根据这一真实记录进行结构动力学的直接计算。又如,风荷载中的基本风压,也是根据每年的最大风速记录,将若干年的记录资料进行统计而得出的。

但是由于工程结构的复杂性和要求的多样性,并不是所有计算所需的参数都能从实地提供。例如,根据气象台风速记录换算的风压值与结构外表面的分布风压值是不同的,而且不同的建筑外形可有不同的值,建筑物未造好时也无法进行实地测试记录。又如地震作用,如果要研究如何改变工程结构以适应对某类地震的抗震要求,也只好采用模型实验的方法来解决。因而,实验以及有关的实验力学知识是实现工程和力学计算非常重要的内容。

1. 地震模拟振动台

地震模拟振动台是能够人工再现地震地面运动的动力试验加载设备,包括台面及基础、泵源和液压分配系统、加振器、模拟控制、数据采集和数据处理系统,还有与模控及数据采集系统相连接的计算机系统等。为了再现地震,使振动台实现按规定的地震波形运动,采用以计算机系统为核心的数字迭代补偿技术,经过多次重复迭代、数据处理,使台面输出波形较为接近所期望的地震波形。整个设备完全由计算机操纵,实现自动控制,能同时实现 3 个方向 6 个自由度振动的地震模拟,是研究地震工程的先进的重要的工具。图 2-5 是地震模拟振动台的示例。

2. 风洞

风是空气流动而形成的。风洞是能够人工产生和控制气流,模拟物体周围的气体流动,并可量度气流对物体作用以及观察有关物理现象的空气动力学实验设备。它由管道状的长洞体(包括进气口、收缩段、试验段、动力段、扩散段、出气口等)、驱动系统和测量控制系统三部分组成,如图 2-6 所示。按实验力学的相似原理,将需要测试的物体或建筑物做成比实物小得多的模型放在试验段中进行试验。图 1-1(b)就是上海中心大厦在风洞中进行试验的实例。由于在风力作用下建筑物之间有相互影响,因而在风洞中除了上海中心大厦模型外,还有周围具有一定高度的有一定影响的其他建筑物模型。

图 2-5　地震模拟振动台

图 2-6　风洞试验段和计算机控制系统

世界上第一座风洞于 1869—1871 年建于英国。风洞试验的模型有两种，一种是不变形的刚性模型，用来测试风压在建筑物表面上的分布，一般只要满足外形的几何相似条件就可以了，刚性模型风洞试验是一种较常用的风洞试验；另一种是弹性模型，可用来测试建筑物的各种受力状况，包括位移、内力、应力等，可用来检验计算结果是否合理，但弹性模型风洞试验对模型的要求很严，除要求满足外形的几何相似条件外，还要求满足多项实验力学和气动弹性的相似条件。在其他有关章节中，将会有刚性模型和弹性模型风洞试验的详细介绍。

由于计算机的快速发展,利用人工边界条件和基于空气动力学理论计算风压在建筑物表面分布的方法,越来越受到重视。这种以空气动力学理论和数值计算方法为主体(有别于以风洞试验为主体)来求得结果的方法,有时称为数值风洞方法。

2.3 地震作用和反应谱

据德国慕尼黑保险公司对 1961—1980 年这 20 年间发达国家损失 1 亿美元以上的自然灾害统计,地震灾害造成的损失占总自然灾害损失的 50%,是所有自然灾害损失中最大的一种。随着生产和建设的发展,地震损失与其他损失一样,每年递增。

地震灾害造成的经济损失主要是房屋等建筑物受损或倒塌造成的,而大批人员伤亡则是因被埋压在废墟瓦砾之中而造成的。关于地震灾害,伟大的学者达尔文曾写过,"人类无数时间和劳动所建树的成绩,只在一分钟之内就毁灭了"。有人对震级与持续时间的关系进行了统计,发现 8 级地震振动时间不过超 50 s。也就是说,虽然个别大地震振动时间超过 1 min,但绝大部分是发生在 1 min 以内。所以有人说,挨过了这恐怖的 1 min 就有生命的希望。

地震可造成大批人员伤亡和巨大的经济损失。根据历次地震后总结分析,地震造成大批人员伤亡的原因主要有以下几方面:

(1) 房屋倒塌,当即被砸伤砸死的。这大多发生在一塌到底的楼房和房盖落架的平房中。

(2) 窒息而死的。粗略估算,闷死者占平房中死亡人数的 30%~40%。

(3) 精力耗尽饥渴而死的。据唐山地震统计,住楼房的震亡者中,因抢救不及时而致死的占 20%~30%。

(4) 治疗不及时致死的。

(5) 由次生灾害引起的死亡。

(6) 跳楼及其他逃生方法不当而死亡的。

地震死伤的比例与建筑物破坏程度有很大关系。有人对意大利南部某次地震的 180 个居民点的死伤情况做了分析,得出以下结论:在房屋毁坏占全部房屋数 75% 以上的居民点,其死伤比为 1:1.8;在房屋毁坏为 51%~75% 的居民点,死伤比为 1:5.1;房屋毁坏为 25%~51% 的,死伤比为 1:6.2;房屋毁坏在 25% 以下的,死伤比为 1:8.5。地震伤亡比例的统计对于救灾工作安排很有参考意义。关于死伤比例,由于统计标准不同而相差甚大。多数统计是伤多于死,但也有个别统计是死多于伤,其原因主要是对"伤"的概念存在着或宽或窄的不同理解。有些人只统计住院治疗的伤员或重伤员,而将大批门诊治疗或撤离震区的伤员漏掉,或不计入所谓的轻伤,以致造成统计的假象。综合国外 1970—1980 年资料,这期间 178 次地震共死亡 175 877 人,死伤比例为 1:2.43。据我国 1949 年以来 35 次地震统计,共死亡 272 762 人,死伤比例为 1:2.79。两者大体相似。因此,可以用死伤比例为 1:2.5~3.0 作为预测参数。

我国有两次大地震永难忘怀。震惊世界的 1978 年 7 月 28 日唐山大地震,使一个百万人口的大城市一瞬间就毁灭了,留下来的只有一片残垣断壁,死亡人数多达 24 万人。而 2008 年 5 月 12 日的四川汶川大地震,虽不在大城市中心,但残垣断壁仍然造成死亡人数近十万。

唐山大地震发生在 1976 年 7 月 28 日凌晨 3 点 42 分 56 秒,震源在唐山市的地壳下 12 km 深处,长期积聚在这里的巨大能量骤然爆发,相当于上万吨黄色炸药在城市底下猛烈爆炸。一时间,地球颤动,地层轰鸣,一场人类史上堪为最惨烈的地震灾难降临到中国人民的头上;转眼间,唐山市区变成一片废墟。唐山大地震对我国国民经济造成了巨大的破坏,损失主要集中在房屋倒塌和交通设备破坏方面,人员伤亡主要是由于房屋损毁所致。在房屋方面,唐山市城乡民用建筑 68 万余间 1 千多万平方米,被地震损毁 65 万余间,达 95%;在唐山火车站、小山、解放路、宋谢庄、复兴路、新立庄、凤井和梁屯一带,被毁建筑物荡然无存。在交通方面超过 280 km 柏油路被严重破坏,71 座大中型桥梁、160 座小型桥梁、1 千余个道路涵洞塌陷垮裂,至天津、北京、东北和沿海的主要公路干线路基塌陷或出现裂缝;公路交通基本断绝;东西铁路干线被切断,京沈铁路瘫痪。唐山大地震使 242 419 人丧生(包括天津等受灾区),36 万多人受重伤,70 万多人受轻伤,15 886 户家庭解体,7 821 个妻子失去丈夫,8 047 个丈夫失去了妻子,3 817 人成为截瘫患者,25 061 人肢体残废,遗留下孤寡老人 3 675 位,孤儿 4 204 人,数十万和平居民转眼变成失去家园的难民,全国人民陷入巨大的悲痛之中。图 2-7～图 2-11 是唐山大地震的记录照片。

图 2-7　厂房倒塌(一)

图 2-8　厂房倒塌(二)

图 2-9　房屋破坏

图 2-10　桥梁倒塌(一)

图 2-11　桥梁倒塌(二)

汶川地震时间是 2008 年 5 月 12 日 14 时 28 分 04 秒,是中华人民共和国自成立以来影响最大的一次地震,震级是自 2001 年昆仑山大地震(8.1 级)后的第二大地震,直接严重受灾地区约有 10 万 km^2。汶川大地震是浅源地震,震源深度为 10~20 km,因此破坏性巨大。影响范围包括震中 50 km 范围内的县城和 200 km 范围内的大中城市,以陕、甘、川三省震情最为严重,甚至泰国首都曼谷、越南首都河内、菲律宾、日本等地均有震感。

全国各地伤亡汇总为:遇难者69 229 人,失踪者17 923 人,受伤者374 643 人。这次汶川地震造成的直接经济损失为 8 451 亿元人民币。四川省损失最严重,占到总损失的91.3%,甘肃省占到总损失的 5.8%,陕西省占总损失的2.9%。国家统计局将损失指标分三类:第一类是人员伤亡问题,第二类是财产损失问题,第三类是对自然环境的破坏问题。在财产损失中,房屋的损失很大,民房和城市居民住房的损失占总损失的 27.4%;包括学校、医院和其他非住宅用房在内的损失占总损失的 20.4%;另外还有基础设施、道路、桥梁和其他城市基础设施的损失,占到总损失的 21.9%。这三类是损失比例较大的,70%以上的损失是由这三方面造成的。图 2-12~图 2-16 是地震破坏的图片。

图 2-12　被夷为平地的县城

图 2-13 房屋破坏(一)

图 2-14 房屋破坏(二)

图 2-15　房屋破坏(三)

图 2-16　汽车被倒塌的废墟掩埋

强烈地震后一段时间内,总有大大小小的余震继续发生。余震尽管比主震小,但它是在主震附近发生,仍有相当的影响。况且房屋等建筑物经主震的强烈震晃后,结构有所损坏,抗震能力下降,稍稍一震动就会造成更大的破坏和倒塌,威胁人们的生命安全。有些人在主震时没有受伤,但由于麻痹大意,反而在强余震中丧生。例如,河北滦县城东的滦河大桥,在唐山 8 级地震后遭到轻微破坏,由于缺少抗震经验还继续使用,晚上发生了 7.1 级余震,使 35 孔大桥有 24 孔落架,正在桥上通行的 6 辆马车、1 辆汽车和 3 辆自行车掉进波涛滚滚的滦河中。

地震的发生,主要是地球内部矛盾发展的结果。地球内部岩层破裂引起振动的地方,称为震源,它是有一定大小的区域,震源垂直投影到地表的地方,称为震中。从震中到震源的垂向距离,称为震源深度。世界上绝大多数地震震源分布在地下 5～20 km 范围,也有比较浅的或更深的。通常把震源深度在 70 km 以内的地震称为浅源地震,把震源深度在 70～300 km 的地震称为中深地震,把震源深度超过 300 km 的地震称为深源地震。一般来说,对于同样大小的地震,震源深度较浅时,涉及的范围较小而破坏的程度较大;震源深度较深时,涉及的范围较大而破坏的程度相对较小。震源深度超过 100 km 的地震,在地面上一般不致引起灾害。

地震的大小常用震级来表示。地震震级是根据地震时释放的能量大小而定的级别。震级越高,地震越大,释放出来的能量也越多。震级 M 和地震时释放的能量 E 之间有如下的关系:

$$\log E = 11.8 + 1.5M \tag{2-8}$$

由式(2-8)可知,一个 1 级地震释放的能量相当于 2×10^6 J,J 为能量单位。一度电(kW·h)的能量为 3.6×10^6 J,因而 1 级地震释放的能量还不到一度电。但震级每增加一级,能量就增大 31 倍多。目前记录到的最大地震,还没有超过 8.9 级,其释放的能量为 1.41×10^{18} J,如换算为电能,则相当于 100 万千瓦的发电厂 40 年间连续发电量,或相当于一个 1 800 万吨级的 TNT 炸药量的氢弹。不同等级的地震通过地震波释放出来的能量如表 2-1 所示。

表 2-1　　　　　　　　　　地震时释放出来的能量

震级	能量/J	震级	能量/J
1	2×10^6	3	2×10^9
2	6.3×10^7	4	6.3×10^{10}
2.5	3.55×10^8	5	2×10^{12}

（续表）

震级	能量/J	震级	能量/J
6	6.3×10^{13}	8.5	3.55×10^{17}
7	2×10^{15}	8.9	1.41×10^{18}
8	6.3×10^{16}		

一年中地球上全部地震释放出来的能量为 $10^{18} \sim 10^{20}$ J，其中绝大部分来自于 7 级和 7 级以上的地震，这些地震被称为大地震；7 级以下和 5 级以上的地震称为强震或中震；5 级以下、3 级和 3 级以上的地震称为弱震或小震；3 级以下的地震称为微震，微震的能量很小，有的仅仅和一个鞭炮爆炸相似。对一般的浅源地震来说，3 级以上地震才有感觉，习惯上称为有感地震；5 级以上的地震才会造成地面上建筑物的损坏或破坏，习惯上称为破坏性地震，应该予以充分注意和考虑。

人们对于地震地面运动的感受，随震中距离的不同而有所差异。

地震波引起的地面运动是很复杂的，它包含了地面上下跳动和水平晃动。

引起地面上下跳动的地震波是纵波（又称为 P 波），它的运动方式如同蚯蚓爬行时身子一缩一伸地前进一样，传播的较快，速度一般为 $5 \sim 6$ km/s，并且衰减得很快。所以，离震中越近，地面上下跳动越厉害；离震中越远，地面上下跳动则越小。

引起地面水平晃动的地震波是横波（又称为 S 波），它的运动方式有如投石水中所掀起的一圈圈波纹那样，传播速度较慢，一般为 $3 \sim 4$ km/s，但它衰减得慢，传播得远。因此，离震中较远的地方，人们感觉不到上下跳动，但仍能感觉到水平晃动。

在一般情况下，地震时地面总是先上下跳动，后水平晃动，两者有一个时间间隔。人们可以根据感受到时间间隔的长短粗略地判断震中的远近。这个间隔时间越短，说明距离震中越近，间隔时间越长，说明距离震中越远。用 8 km/s 乘以这个间隔时间，可以大概得出震中距离。例如，唐山大地震时北京地面上下跳动到水平晃动时间间隔是 20 s，则可估计震中距离约为 160 km。懂得这个道理还可帮助迅捷判定这次地震是近震还是远震。如果地面上下跳动很轻微，甚至没有感到上下跳动，只是感到水平晃动，这说明是远震，室内人员不必慌忙外逃或跳楼等极端措施，一分钟后再到室外也来得及。另外，从地声的特征也可估计地震的强烈程度。一般地声沉闷绵长，好像重型拖拉机驶过，地震就较强烈；地声清脆而短暂,或者一带而过迅速消失地震就较弱。

我国的抗震设计按"三水准"为标准。在地震区,小震(低于当地设防标准的地震)发生的概率最大,抗震是按当地的设防标准进行;大震(高于当地设防标准的地震)虽是罕遇的,但一旦发生时务必保证建筑物不致倒塌造成重大伤亡和损失。因而,采用"小震不坏,设防地震可修,大震不倒"的三水准。

以下针对土木工程中地震作用所引起的力学计算问题作一叙述。

2.3.1 烈度和反应谱

一次地震发生,一般来说距离震中越近,受到的影响就越大,距离震中越远,受到的影响就越小。地震烈度就是用来反映地震时某一地区地面和各类建筑物受到影响的强弱程度的一个指标。一次地震只有一个震级,然而随震中距离的远近的不同却有不同的烈度。用炸弹来作比喻,震级好比炸弹的装药量,是一定的,烈度好比炸弹爆炸后的破坏力,随距离远近的不同破坏程度就不一样。一般说来,离震中距离越近,地震影响越大,烈度就越高,震中点的烈度称为震中烈度;反之,离震中距离越远,烈度就越低。对工程结构设计计算来说,抗震设计计算前必须先知道该地区的地震烈度。

烈度是用来反映地震时某一地区地面和各类建筑物所受影响强弱程度的一个指标。地震是地层发生瞬间断裂运动产生的,地震导致地上的建筑物发生振动,有水平晃动和上下跳动。按牛顿定律,可用该建筑物的质量乘以该处的加速度组成的惯性力作用在建筑物上,从而使建筑物处于平衡状态。通常,地震作用强度的重要参数是地面水平运动的最大加速度 y_{0max} 除以重力加速度 g 所得的地震系数 α_{0max};作用在建筑物上的惯性力强度的重要参数是其最大加速度 a_{max} 除以重力加速度 g 所得的地震影响系数最大值 α_{max}。烈度按水平地震影响系数最大值 α_{max} 来分类,每提高一度,其值提高一倍。对于土木工程,通常从 6 度开始考虑抗震验算。以上规定适于 6~9 类烈度地区,α_{max} 值见表 2-2。对于抗震烈度为 10 度和 10 度以上地区,还应按专门规定执行。

表 2-2 　　　　　　　　水平地震影响系数最大值 α_{max}(多遇地震)

烈度	6	7	8	9
α_{max}	0.04	0.08	0.16	0.32

我国根据国内外近 200 条地震记录,对钢筋混凝土结构($\zeta_1 = 0.05$)进行分析,并取其包线,得出水平地震影响系数 α,它与结构自振周期 T、场地土类别和

设计地震分组有关的特征周期等有关,此时衰减系数 γ 取 0.9,下降斜率调整系数 η_1 取 0.02,阻尼调整系数 η_2 取 1。如图 2-17 所示。

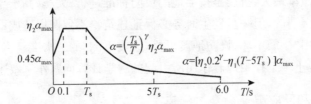

图 2-17 水平地震影响系数 α

当结构不为钢筋混凝土或阻尼比 ζ 不为 0.05 时,此时衰减系数 γ、下降斜率调整系数 η_1、阻尼调整系数 η_2 应改取

$$\gamma = 0.9 + \frac{0.05 - \zeta}{0.5 + 5\zeta} \tag{2-9}$$

$$\eta_1 = 0.02 + (0.05 - \zeta)/8 \tag{2-10}$$

$$\eta_2 = 1 + \frac{0.05 - \zeta}{0.06 + 1.7\zeta} \quad (如\ \eta_2 < 0.55, 取\ 0.55) \tag{2-11}$$

当计算上下跳动的竖向地震时,竖向地震影响系数的最大值 $\alpha_{v,\max}$ 可取水平地震影响系数最大值 $\alpha_{\max}$ 的 65 % 应用。

2.3.2 特征周期 $T_g(s)$

地震通过地层来传递作用,因而用与场地土等因素有关的特征周期来表征。

试验表明,场地土越软弱,覆盖层厚度越深,受到地震作用的影响也越强烈。我国抗震规范将场地土分为四类,即Ⅰ类坚硬土、Ⅱ类中硬土、Ⅲ类中软土和Ⅳ类软弱土。类别越高,特征周期 $T_g(s)$ 也越大,受到地震作用的影响也越强烈。

震中距分为三区:一区、二区、三区,分别反映了近震、中震和远震的影响。区号越高,特征周期 $T_g(s)$ 越大,受到地震作用的影响也越强烈。

我国的建筑抗震设计规范已将特征周期 $T_g(s)$ 与场地土类别、近震、中震以及远震分区的影响值列出,可供应用。场地土类别越高,$T_g(s)$ 分区号越高,$T_g(s)$ 也越大,从 0.25～0.90 s 范围内变化。

我国高耸结构设计规范考虑到高耸结构对风的敏感性较大,适当调整和提高了高耸结构的抗震安全度,各分区中Ⅰ类、Ⅱ类、Ⅲ类场地的特征周期比建筑抗震设计规范的值约提高了 0.05 s,见表 2-3。

表 2-3		特征周期			s
设计地震分组	场地类别				
	Ⅰ	Ⅱ	Ⅲ	Ⅳ	
第一区组	0.25	0.35	0.45	0.65	
第二区组	0.30	0.40	0.55	0.75	
第三区组	0.35	0.45	0.65	0.90	

2.3.3　抗震力学计算

1. 水平地震作用计算

按牛顿定律,由地震作用产生的作用在结构上的力为等效的惯性力,与最大加速度 a_{max} 和质量有关。经过结构振动力学推导,第 j 振型第 i 质点的等效惯性力(即通常简称的地震力)为

$$F_{ji} = \alpha_j \gamma_j \phi_j G_i \tag{2-12}$$

式中　F_{ji} ——第 j 振型第 i 质点的地震力;

　　　α_j ——第 j 振型的水平地震影响系数;

　　　γ_j ——第 j 振型的参与系数,它反映了振型的影响,如下式所示。对于单
　　　　　　自由度结构,此式等于 1。

$$\gamma_j = \frac{\sum\limits_{i=1}^{n} \phi_{ji} M_i}{\sum\limits_{i=1}^{n} \phi_{ji}^2 M_i} = \frac{\sum\limits_{i=1}^{n} \phi_{ji} G_i}{\sum\limits_{i=1}^{n} \phi_{ji}^2 G_i} \tag{2-13}$$

式中　ϕ_{ji} ——第 j 振型第 i 质点的值,对于单自由度结构,此值等于 1,对于较多
　　　　　　自由度结构,通常用计算机按程序求出;

　　　M_i ——第 i 质点的质量;

　　　G_i ——第 j 振型第 i 质点的重量。

地震作用的总效应按"平方总和开平方"算,即 2.1 节的公式:

$$R = \sqrt{R_1^2 + R_2^2 + \cdots + R_n^2} \tag{2-14}$$

为了加深了解,兹举一实例来说明。

一个四层的钢筋混凝土框架结构,如图 2-18 所示。地震烈度为 8 度,场地土类别Ⅰ类,震中距为第二组,各层质量换算集中到横梁上,其值为 $M_1 =$

$43.4\ t$，$M_2 = 44.0\ t$，$M_3 = 42.9\ t$，$M_4 = 38.0\ t$。梁的线刚度远大于柱的线刚度，计算时可将梁的线刚度作为无穷大处理，在上机填写数据时可将梁的线刚度取成柱的线刚度10倍以上即可。

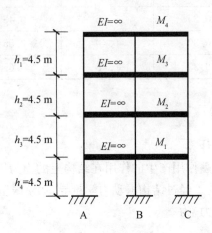

图 2-18　四层框架示例

现求得第1阶、第2阶自振周期和振型为

$$T_1 = 0.381\ s, \quad \phi_1 = \{0.232 \quad 0.503 \quad 0.781 \quad 1\}^{\mathrm{T}}$$

$$T_2 = 0.154\ s, \quad \phi_2 = \{-0.604 \quad -0.894 \quad -0.350 \quad 1\}^{\mathrm{T}}$$

先按式(2-12)计算各振型地震力。

第1振型：

由表2-2，得特征周期 T_g 为 $0.3\ s$，则由水平地震影响系数图2-17，得

$$\alpha_1 = \left(\frac{0.3}{0.381}\right)^{0.9} \times 0.16 = 0.129$$

按式(2-13)，可得

$$\gamma_1 = \frac{\sum\limits_{i=1}^{n} \phi_{1i} M_i}{\sum\limits_{i=1}^{n} \phi_{1i}^2 M_i}$$

$$= \frac{0.232 \times 43.4 + 0.503 \times 44.0 + 0.781 \times 42.9 + 1 \times 38.0}{0.232^2 \times 43.4 + 0.503^2 \times 44.0 + 0.781^2 \times 42.9 + 1^2 \times 38.0}$$

$$= \frac{103.65}{77.62} = 1.335$$

则由式(2-12),即 $F_{ji} = \alpha_j \gamma_j \phi_j G_i$,可得

$$F_{11} = 0.129 \times 1.335 \times 0.232 \times 434 = 17.318 \text{ kN}$$
$$F_{12} = 0.129 \times 1.335 \times 0.503 \times 440 = 38.067 \text{ kN}$$
$$F_{13} = 0.129 \times 1.335 \times 0.781 \times 429 = 57.628 \text{ kN}$$
$$F_{14} = 0.129 \times 1.335 \times 1 \times 380 = 65.360 \text{ kN}$$

将上述各力作用在各层端点,即可求出第 1 振型所有的弯矩等响应。由于假定横梁刚度无穷大,也可按非常简单但精度很高的近似法进行计算。此时,某层受到的地震力为上面各层地震力的总和;该层各柱总地震力均分。底层柱的弯矩为零的点可在 2/3 柱高处;其他各层弯矩为零的点则在各层柱高的一半处。以底层柱端 A 的弯矩响应为例,

$$M_{1A} = \frac{(17.318 + 38.067 + 57.628 + 65.360)}{3} \times \frac{2}{3} \times 4.5 = 178.373 \text{ kN} \cdot \text{m}$$

第 2 振型:

因 $T_2 = 0.154$ s 介于 0.1 s 和特征周期 T_g 为 0.3 s 之间,则由水平地震影响系数可得

$$\alpha_2 = 0.16$$

按式(2-13)可得

$$
\begin{aligned}
\gamma_2 &= \frac{\sum\limits_{i=1}^{n} \phi_{2i} M_i}{\sum\limits_{i=1}^{n} \phi_{2i}^2 M_i} \cdot \\
&= \frac{(-0.604) \times 43.4 + (-0.894) \times 44.0 + (-0.350) \times 42.9 + 1 \times 38.0}{(-0.604)^2 \times 43.4 + (-0.894)^2 \times 44.0 + (0.350)^2 \times 42.9 + 1^2 \times 38.0} \\
&= \frac{-42.50}{94.15} = -0.451
\end{aligned}
$$

则由式(2-12),即 $F_{ji} = \alpha_j \gamma_j \phi_j G_i$,得

$$F_{21} = 0.16 \times (-0.451) \times (-0.604) \times 434 = 18.926 \text{ kN}$$
$$F_{22} = 0.16 \times (-0.451) \times (-0.894) \times 440 = 28.401 \text{ kN}$$
$$F_{23} = 0.16 \times (-0.451) \times (-0.350) \times 429 = 10.841 \text{ kN}$$
$$F_{24} = 0.16 \times (-0.451) \times 1 \times 380 = -27.436 \text{ kN}$$

则同第 1 振型计算方法，得

$$M_{2A} = \frac{(18.926 + 28.401 + 10.841 + 27.436)}{3} \times \frac{2}{3} \times 4.5$$

$$= 30.732 \text{ kN} \cdot \text{m}$$

故地震作用下柱底的总弯矩为

$$M_A = \sqrt{M_{1A}^2 + M_{2A}^2} = \sqrt{(178.373)^2 + (30.732)^2} = 181.001 \text{ kN} \cdot \text{m}$$

可以看到，第 1 振型的影响起着主要的作用。

2. 竖向地震作用计算

按一般简化方法计算。

结构底部总竖向地震力为

$$F_{Ev} = \alpha_{v, \max} G_{eq} \tag{2-15}$$

质点 i 的竖向地震力为

$$F_{vi} = \frac{G_i h_i}{\sum\limits_{i=1}^{n} G_i h_i} F_{Ev} \tag{2-16}$$

式中　$\alpha_{v, \max}$——竖向地震影响系数的最大值，可取水平地震系数的最大值 $\alpha_{\max}$
　　　　　　的 65%；

　　　G_{eq}——等效总重量，等效系数取结构总量的 75%；

　　　h_i——质量 i 的高度。

由于工程结构自由度较多，所有的抗震力学计算以及荷载组合、截面设计等都采用编制程序由计算机进行计算。因而程序和计算机应用是土木工程结构力学计算必不可少的内容和工具。

2.4　风荷载和刚性模型风洞试验

据德国慕尼黑保险公司对 1961—1980 年这 20 年间发达国家损失 1 亿美元以上的自然灾害统计，风灾造成的损失占总自然灾害损失的 40.5%，地震灾害造成的损失占总的自然灾害损失的 50%，两者加在一起，已占总自然灾害损失的 90.5%，所以风灾和地震灾害造成的损失占总的自然灾害损失的绝大部分。

　　随着生产和建设的发展,风灾损失与其他损失一样,每年递增。美国华盛顿世界观察社报道,20 世纪 80 年代,因气候变化造成的损失只有 540 亿美元,而 90 年代前 5 年,已造成 1 620 亿美元的损失,暴增 6 倍。如按德国统计资料推算,则世界上每年由风灾造成损失达 137.7 亿美元。但资料显示,实际风灾损失已远远超过上述数值,1992 年,安德鲁飓风横扫美国佛罗里达州,把面积达 100 多万平方英里(1 英里＝1 609.3 米)的地方夷为平地,损失达 300 亿美元,7 家保险公司因无法承受赔债而倒闭。实际上,除美国外,其他国家的风灾损失也是十分惊人的。1991 年,孟加拉国风灾造成 14 万人丧生,损坏房屋 6.43 万间,受灾人口 1 299 万人,直接经济损失超过 200 亿元。而 1994 年孟加拉国的二次风灾又造成 44 万人死亡,损失更加惊人。在我国,风灾损失也是十分惊人的,1994 年,9415 号台风袭击浙江,造成倒塌和损坏房屋 80 多万间,死亡 1 000 多人,机场屋盖也被吹坏,99 m 高的通讯铁塔被狂风刮倒。直接经济损失达 108 亿元人民币,加上间接损失,总数达 177.6 亿元人民币,折合 20 多亿美元。2004 年,第 14 号台风“云娜”在浙江省温岭市石塘镇登陆,登陆时最大风力在 12 级以上(风速达 45 m/s),在风力最大的大陈岛风速达 58.7 m/s,创历史最高纪录。这次台风在浙江省造成 176 人死亡,倒塌房屋风灾损失更加惊人。2005 年 8 月的第 9 号台风“麦莎”、9 月份的第 13 号台风“泰利”所经过的闽、浙、皖、赣、沪地区,造成直接经济损失达几百亿元。2005 年 8 月的美国“卡特里娜”飓风袭击南部墨西哥湾沿岸 3 个州,据来自路易斯安那州的参议员维特说,仅在该州造成的伤亡人数就可能超过 1 万人。美国保险和财经行业担当顾问机构“风险管理方案公司”估计说,此次飓风造成的经济损失可能高达几百亿美元,超过美国历史上其他任何一次自然灾害,甚至与“9·11”袭击不相上下。

　　近年来,全球气候变化较大,美洲地区每年的飓风数量明显增多,强度增大,破坏力强了。这警示人们,对台风的影响不可忽视,对台风造成的风灾切不可掉以轻心。风灾损失的主要部分为工程结构的损坏和倒塌。工程结构(特别是高、大、细、长的柔性结构)的抗风设计计算以及城市抗风统计估算的合理和全面与否是抗风安全的关键。

　　对结构安全产生影响的是强风,它通常由大气旋涡剧烈运动产生,可分为热带低压、热带风暴、台风或飓风、寒潮风暴、龙卷风等。

　　不同的季节和时日,可以有不同的风向,给结构带来不同的影响。每年强度最大的风对结构影响最大,此时的风向称为主导风向,可从该城区的风玫瑰图上得出。由于风玫瑰图是由气象台得出的,建筑所在地的实际风向可能与此不同,因而在结构风工程上,除了某些参数需考虑风向以外,一般都假定最大风出现在各个方向上的概率相同,从而较偏于安全地进行结构设计。

风力可以有一定的倾角,它相对于水平面一般最大可在上下 $-10°\sim+10°$ 内变化。这样,结构上除风力的水平分量外,还存在上下作用的竖向分量。风力的竖向分量对细长的竖向结构,例如烟囱等,一般只引起竖向轴力的变化,因而对这类工程来讲并不重要。只有像在大跨度屋盖和桥梁结构中,风力的竖向分量才应引起注意。虽然其值较水平风力为小,但属于同一数量级。

根据大量风的实测资料可以看出,在风的时程曲线中,瞬时风速 v 包含两种成分:一种是长周期成分,其周期值常在 10 min 以上;另一种是短周期部分,周期常只有几秒钟左右。图 2-19 是风从开始缓慢上升至稳定值后的一个时程曲线示意图。根据上述两种成分,实用上常把风分为平均风(即稳定风)和脉动风(即阵风脉动)来加以分析。平均风是在给定的时间间隔内,把风的速度、方向以及其他物理量都看成不随时间而改变的量。考虑到风的长周期远大于一般结构的自振周期,因而这部分风虽然其本质是动力的,但其作用与静力作用相近,因此可认为其作用性质相当于静力。脉动风是由于风的不规则性引起的,它的强度是随时间按随机规律变化的。由于它周期较短,因而应按动力来分析,其作用性质完全是动力的。研究表明,脉动风的影响与结构周期、风压、受风面积等有直接关系,这些参数越大,影响也越大。考虑到结构上还有平均风作用,因而对于高、细、长、大等柔性结构而言,风的影响起着很大的甚至是决定性的作用。

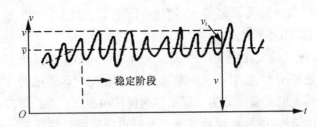

图 2-19　瞬时风速 v 和平均风速 $\bar{v}$、脉动风速 v_f

不同的风有不同的特征,但它的强度常用风速来表达,最常用的有两种。

1. 风速范围

将风的强度划分为等级,用一般风速范围来表达。常用的有:

1) 蒲福风速表

英国人蒲福(F. Beaufort)于 1805 年拟定了风级。风级是根据风对地面(或海面)物体影响程度而定出的,称为蒲氏风级。由于根据地面(或海面)上的物体来判断风的影响程度比较笼统,以后逐渐采用以风速的大小来表示风级。几经修改,共分自 0~12 的 13 个等级。自 1946 年以来,对风力等级又作了一些修改,并增加到了 18 个等级,如表 2-4 所示。其中前 13 个等级就是在气象广播中平常听到的风的等级,可以看出,7 级或 7 级以上的风力才能对人们的生活或工程结构造成不便或威胁,直至结构倒塌。

热带风旋是发生在热带海洋上的大气旋涡,是热带低压、热带风暴、台风或飓风的总称。直径一般几百千米,最大可达 1 000 km,热带气旋区域内的风速,以近中心为最大。国际上常以近中心最大风速作为分类的标准。通常把热带气旋中心位置不能精确确定时,平均最大风力小于 8 级的风称为低压区;当热带气旋中心位置能确定时,但中心附近的平均最大风力小于 8 级的风称为热带低压区;热带气旋中心附近的平均最大风力为 8~9 级的称为热带风暴;热带气旋中心附近的平均最大风力为 10~11 级的称为强热带风暴;热带气旋中心附近的平均最大风力为 12 级或 12 级以上的,在东亚称为台风,在西印度群岛和大西洋一带称为飓风。台风中心称台风眼,半径多为 5~30 km,气压很低,风小浪高,云层裂开变薄,有时可见日月星光,其四周附近则是高耸的云壁,狂风暴风均发生在台风眼之外。台风形成后,它一边沿逆时针方向快速旋转,同时又受其他天气系统(如副热带高压等)气流引导或靠本身内力朝某一方向移动,从而形成台风移动的路径或轨迹。通常自东向西或西北方向移动,速度一般为 10~20 km/h,当进入中纬度的西风带后,即折向东或东北移动,这称为台风转向。袭击我国的台风,常发生在 5—10 月,以 7—9 月最为频繁。台风的破坏力很大,它不但可以吹倒或损害陆上各种工程结构,而且还大量损害海上物体。台风袭击的地区常有狂风暴雨,沿海岸则多有高潮、巨浪。

我国曾只以袭击我国台风的年份和序号来称呼,如 1994 年第 15 号台风通常称 9415 号台风。近年来,因为海洋上可能同时出现多个台风,为易于分辨,也为了与国外称呼一致,常加上台风名字。台风的命名由国际气象组织的台风委员会负责,由参与该组织的 14 个成员国(包括中国)各提供 10 个名字分为 5 组列表,再根据热带气旋出现的先后依次、循环使用。根据有关规定,热带气旋要达到热带风暴及以上强度的才进行命名,命名是根据列表给予的名字,例如"麦莎",并同时发布热带风暴或强热带风暴或台风的强度、名称、编号顺序以及编报理由。

表 2-4　　　　　　　　　　　蒲福风力等级表

风力等级	名称	海面状况		海岸渔船征象	陆地地面物征象	距地 10 m 高处相当风速		
		浪高/m				km/h	mile/h	m/s
		一般	最高					
0	静风	—	—	静	静,烟直上	<1	<1	0~0.2
1	软风	0.1	0.1	寻常渔船略觉摇动	烟能表示风向,但风向标不能转动	1~5	1~3	0.3~1.5
2	轻风	0.2	0.3	渔船张帆时,可随风移行每小时2~3 km	人感觉有风,树叶有微响,风向标能转动	6~11	4~6	1.6~3.3
3	微风	0.6	1.0	渔船渐觉簸动,随风行每小时 5~6 km	树叶及微枝摇动不息,旌旗展开	12~19	7~10	3.4~5.4
4	和风	1.0	1.5	渔船满帆时倾于一方	能吹起地面灰尘和纸张,树的小枝摇动	20~28	11~16	5.5~7.9
5	清劲风	2.0	2.5	渔船缩帆(即收去帆之一部)	有叶的小树摇摆,内陆的水面有小波	29~38	17~21	8.0~10.7
6	强风	3.0	4.0	渔船加倍缩帆,捕鱼须注意风险	大树枝摇动,电线呼呼有声,举伞困难	39~49	22~27	10.8~13.8
7	疾风	4.0	5.5	渔船停息港中,在海上下锚	全树摇动,迎风步行感觉不便	50~61	28~33	13.9~17.1
8	大风	5.5	7.5	近港的渔船皆停留不出	微枝折毁,人向前行,感觉阻力甚大	62~74	30~40	17.2~20.7
9	烈风	7.0	10.0	汽船航行困难	烟囱顶部及平瓦移动,小屋有损	75~88	41~47	20.8~24.4
10	狂风	9.0	12.5	汽船航行颇危险	陆上少见,见时可使树木拔起或将建筑物摧毁	89~102	48~58	24.5~28.4
11	暴风	11.5	16.0	汽船遇之极危险	陆上很少,有时必有重大损毁	103~117	56~63	28.5~32.6
12	台风(飓风)	14.0	—	海浪滔天	陆上绝少,其摧毁里极大	118~133	64~71	32.7~36.9
13	—	—	—			134~149	72~80	37.0~41.4

（续表）

风力等级	名称	海面状况		海岸渔船征象	陆地地面物征象	距地 10 m 高处相当风速		
		浪高/m				km/h	mile/h	m/s
		一般	最高					
14	—			—	—	150~166	81~89	41.5~46.1
15	—			—	—	167~183	90~99	46.2~50.9
16	—			—	—	184~201	100~108	51.0~56.0
17	—			—	—	202~220	109~118	56.1~61.2

注:13~17 级风力是当风速可以仪器测定时用。

1 km/h=0.278 m/s, 1 mile/h=0.515 m/s。

2) 福基达龙卷风风力等级表

龙卷风是范围小而时间短的强烈旋风。直径约从几米到几百米不等,龙卷风中心气压很低,风速通常可达每秒几十米到 100 m 以上。龙卷风移动速度每小时约数十千米,所经路程,短的只几十米,长的可超过 100 km,持续时间可达几分钟到几小时。与热带气旋相比,龙卷风的特征可归纳为范围小、风力大、寿命短,并且运动直线,发生概率远低于热带风旋。美国芝加哥大学福基达(T. T. Fujita)教授曾于 1970 年提出将龙卷风按最大风速划分为 7 个等级,其计算公式为

$$v_F = 6.30 \times (F+2)^{1.5} \tag{2-17}$$

到现在为止,记录到龙卷风的级别尚未达到 6 级。根据式(2-17),1~6 级范围风速如表 2-5 所示。从表中可以看出,0 级龙卷风实际上就在蒲福风力等级表范围之内,因而是与蒲福风力等级表相呼应的。由于龙卷风作用时间短,因而在同样风速下破坏程度没有一般飓风严重。

虽然龙卷风破坏力大,但由于范围小、寿命短等特点,风灾损失中最多的还是热带气旋,其中尤以台风最为严重。西德慕尼黑保险公司 1982 年资料中,35 个自然灾害损失 1 亿美元以上的项目中,风灾项目占 18 个,占 51.4%,而 18 个风灾项目中,只有一个是龙卷风,热带气旋等风灾项目数占 94.4%,而经济损

失则占 94.6％。因而主要是热带气旋等所引起的损失,所以我们应该把较大的注意力集中在热带气旋所引起的风力上。

上述风的强度由于存在一段范围,不便于工程计算,因而常用于气象工作中。

表 2-5 福基达龙卷风风力等级表

等级	名称	征 象	距地 10 m 高处的风速/$(m \cdot s^{-1})$
F_0	轻龙卷	考虑 $v=20\sim32.2$ m/s,有轻度破坏。烟囱、标志牌有一定损坏,树枝刮断,根浅树木被刮倒	<32.2
F_1	中龙卷	有中度破坏。屋顶表层被掀起,活动房屋被刮倒,行驶中车辆被刮得偏离道路	32.7~50.2
F_2	大龙卷	有相当程度破坏。屋顶被刮飞,活动房屋被摧毁,铁路闷罐车被翻,大树被连根拔起,产生轻物体的飞掷物	50.4~70.2
F_3	强龙卷	有严重破坏。牢固的屋顶和部分墙壁被刮走,火车被刮翻,森林大部分树木被连根拔起,重型车辆被抛起	70.4~92.4
F_4	毁灭性龙卷风	有毁灭性破坏。牢固的房屋被整体刮倒,地基不牢的结构被掀飞,汽车被抛起,产生重物体飞掷物	92.6~116.4
F_5	非常龙卷风	有非常程度破坏。牢固的房屋被整体掀起。树木搬家,汽车大小的物体被抛入空中飞行达 100 m 之远	116.7~142.3
F_6	极值龙卷风	有极为惊人的破坏。目前尚未有这样高的最大风速	142.6~169.8

2. 工程风速

为了进行结构风工程计算,需要的不是某一范围的风速,而要某一确定的风速。由于风工程中结构不但要承受过去某一时日或今日的风是安全可靠的,还要保证某一规定期限内结构能安全可靠,而风的记录又是随机的,不同时日、月、年都有不同的值和规律,具有明显的非重现性的特征。因而必须根据数理统计方法来求出计算风速。

风是空气从气压大的地方向气压小的地方流动而形成的。气流一遇到结构的阻塞,就形成高压气幕。风速越大,对结构产生的压力也越大,从而使结构产生大的变形和振动。结构物如果抗风设计不当,或者产生过大的变形,会使结构不能正常工作;或者使结构产生局部破坏,甚至整体破坏。

由风引起的作用在结构上的风荷载,是各种工程结构的重要设计荷载。对于高耸结构(如塔、烟囱、桅杆等)、高层建筑、桥梁、起重机、冷却塔、输电线塔、大跨屋盖等高、细、长、大结构,常常起着主要的作用。因而,对于工程结构,特别对上述重大工程结构而言,关于风力的研究,是设计计算中必不可少的一部分。

风对结构的作用常有三类影响。第一类是结构顺着风向发生振动,产生顺风向响应,这一般是可以理解的。最早记载高层建筑在风力作用下遭到损坏的实例是 1926 年 9 月美国迈阿密的 17 层买雅克萨大楼,在飓风作用下顶部水平残余位移竟达 0.61 m。第二类是横风向响应,在风力作用下,竟在结构垂直于风向的横风向发生振动响应。这一现象在风工程界也是熟悉的,在上海和深圳都有烟囱和高层建筑横风向发生很大振动响应的实例。第三类是空气动力失稳,典型实例还是美国西雅图的塔科马海峡大桥 1940 年被不大的风吹坏这一严重事件(图 2-20)。

图 2-20　塔科马海峡大桥被风吹坏的瞬间

1940 年建造的塔科马海峡大桥,桥梁形式是悬索桥,主跨为 2 800 ft(853 m),全长为 5 000 ft(1 524 m);通航净空达到 195 ft(59.4 m);最终的建造成本为 800 万美元。通车日期是 1940 年 7 月 1 日,坍塌日期是 1940 年 11 月 7 日。大桥被风吹垮的具体时间是美国太平洋时间 1940 年 11 月 7 日上午 11 时。

里奥纳德·科茨沃斯(Leonard Coatsworth)在桥梁坍塌事故发生时成功地逃离,以下是他的报告:“当我刚驾车驶过塔桥时,大桥开始来回剧烈晃动。当我意识到时,大桥已经严重倾斜,我失去了对车的控制。此时我马上刹车并弃车逃离,耳边充斥着混凝土撕裂的声音。而汽车在路面上来回滑动。大部分的时候我靠手和膝盖爬行,当我爬到 500 码(450 m)外的大桥塔楼时呼吸急促,膝盖都磨破流血了,双手上满是瘀伤。最后,我使出最后的力气跳到了安全地带,在收费口回头望去,我看到大桥彻底被摧毁的一幕,我的车也随着大桥一起坠入了海峡。”幸运的是,在大桥坍塌事故中没有人失去生命。大桥最终被摧毁的画面被当地照相馆的老板巴尼·埃利奥特(Barney Elliott)拍摄了下来。1998年,塔科马海峡大桥的坍塌视频被美国国会图书馆选定保存在美国国家电影登记处,这段震撼人心的视频被誉为"在文化、历史和审美学方面有着重要的意义"。这段珍贵的电影胶片目前仍然对学习工程学、建筑学和物理学的学生起着警示的作用。

大桥为什么会坍塌?大桥是由坚硬的碳钢和混凝土建成的。原先的设计是在路基下使用格状桁架梁。这将是第一座以板状钢梁作为支撑的大桥。按照原先的设计,风只会直接通过桁架,但新的设计将风转移到桥面上下两端。大桥在1940年6月底建成后不久(通车于1940年7月1日),人们就发现大桥在微风的吹拂下会出现晃动甚至扭曲变形的情况。这种共振是横向的,沿着桥面的扭曲,桥面的一端上升,另一端下降。司机在桥上驾车时可以见到另一端的汽车随着桥面的扭动一会儿消失一会儿又出现的奇观。因为这种现象的存在,当地人幽默地将大桥称为"舞动的格蒂"(Galloping Gertie)。然而,人们仍然认为桥梁的结构强度足以支撑大桥。

大桥的倒塌发生在一个此前从未见过的扭曲形式发生后,当时的风速大约每小时40英里。这就是力学上的扭转变形,中心不动,两边因有扭矩而扭曲,并不断振动。这种振动是由于空气弹性颤振引起的。颤振的出现使风对桥的影响越来越大,最终桥梁结构像麻花一样彻底扭曲了。在塔科马海峡大桥坍塌事件中,风能最终战胜了钢的挠曲变形,使钢梁发生断裂。拉起大桥的钢缆断裂后使桥面受到的支持力减小并加重了桥面的重量。随着越来越多的钢缆断裂,最终桥面承受不住重量而彻底倒塌了。

塔科马海峡大桥的坍塌使空气动力学和共振实验成为建筑工程学的必修课。这里的共振和受迫振动的共振(由周期运动引发的,如步伐整齐的一队士兵渡桥)不同。在该案例中没有周期性扰动。当时风速稳定在每小时42英里(67 km/h),频率为0.2 Hz。这样的风速本应对大桥构不成威胁。因此,此次事件只能被理解为空气动力学和结构分析不严密所致,是土木工程中空气动力失稳的最早的实例。

今天的塔科马海峡大桥位于华盛顿州16号公路干线,地点在塔科马海峡(Tacoma Narrows),连接塔科马(Tacoma)至吉格港(Gig Harbor);桥梁形式为双悬索桥,主跨为2 800 ft(853 m),全长为5 979 ft(1 822 m),通航净空为187.5 ft(57.15 m)。通车日期是1950年10月14日(西行);2007年7月15日(东行)。今天的塔科马海峡大桥,如图2-21所示。

图 2-21　塔科马海峡大桥

现在来谈谈风工程力学问题。

2.4.1　风压和刚性模型风洞试验

对工程结构设计计算来说，风力作用的大小最好直接用风压来表示。风速越大，风压力也越大。

1. 风速风压关系式

根据流体力学，将低速运动的空气作为不可压缩的流体看待，可得对于不可压缩理想流体质点作稳定运动的伯努利方程，从而得到风速风压关系公式：

$$w = \frac{1}{2}\rho v^2 = \frac{1}{2} \cdot \frac{\gamma}{g} v^2 \tag{2-18}$$

式中　w ——单位面积上的风压力（kN/m^2）；

　　　ρ ——空气质量密度（t/m^3）；

　　　v ——风速（m/s）；

　　　γ ——单位体积的重力（kN/m^3）。

在气压为 101. 325 kPa（76 cmHg）、常温 15℃ 和绝对干燥的情形下，$\gamma = 0.012\,018\ kN/m^2$，在纬度 45℃ 处，海平面上的重力加速度为 $g = 9.8\ m/s^2$，代入式（2-18）得到

$$w = \frac{\gamma}{2g} v^2 = \frac{0.012\,018}{29.8} v^2 \approx \frac{v^2}{1\,630} kN/m^2 \tag{2-18a}$$

式（2-18a）是在标准大气情况下，满足上述条件后求得的。但由于各地地理

位置不同,因而 γ 和 g 值也不同。在自转的地球上,重力加速度 g 不仅随高度变化,且随纬度的变化而变化。而空气容重 γ 又是气压、气温和湿度的函数。因此各地的 $\dfrac{\gamma}{2g}$ 值均有所不同。式(2-18a)一般适于内陆海拔高度 500 m 以下地区,对于内陆高原和高山地区,则随着海拔高度增大而减小,海拔高度到达 3 500 m 以上地区,$\dfrac{\gamma}{2g}$ 可减至 $\dfrac{1}{2\,000}$;对于东南沿海地区,系数约为 $\dfrac{1}{1\,750}$。

2. 结构不同高度上的风压

(1) 风压高度变化系数

结构上不同高度处有不同的风速,因而有不同的风压。而且,即使在同一高度处,但建筑物所在地貌不同,结构上也可有不同的风压。所以,需要有一个规定。

我国规范与世界上大多数国家的规范一样,采用既有相同统一的规定,也有按我国建设特点而有独特的规定。

基本上相同统一的规定有:取空旷平坦地貌 10 m 高处的风速或风压为基本风速 v_0 或基本风压 w_0。但对地貌分类、参数取值等,根据我国建设的具体情况而有所不同。

图 2-22 是加拿大 A. G. Davenport 教授根据多次观测资料整理出的不同地貌下平均风速沿高度的变化规律,常称为风剖面,是风的重要特性之一。图 2-22 是以 100 标称而绘出的。可以看出,由于地表摩擦的结果,使接近地表的风速随着离地面高度的减小而降低。只有离地 200～500 m 以上的地方,风才不受地表的影响,能够在气压梯度的作用下自由流动,从而达到所谓梯度速度,出现这种速度的高度叫梯度风高度,用 H_T 来表示。各种地貌的梯度风高度以上,即图上 100 标称以上,地貌已不起影响,各处风速均属相同,均为梯度风速。梯度风高度以下的近地面层也称为摩擦层。地表粗糙度不同,近地面层风速变化的快慢也不相同。

风剖面常用指数型曲线来表示。不同地貌可用其地面粗糙度指数 α 表达。这样,不同地面粗糙度指数 α、不同高度 z 处的风压可表示为

$$w_z = 3.12 \left(\frac{10}{H_{Ta}}\right)^{2\alpha} \left(\frac{z}{10}\right)^{2\alpha} w_0 = \mu_z w_0$$

$$\mu_z = 3.12 \left(\frac{10}{H_{Ta}}\right)^{2\alpha} \left(\frac{z}{10}\right)^{2\alpha} \tag{2-19}$$

式中 H_{Ta} ——与地面粗糙度指数 α 对应的梯度风高度;

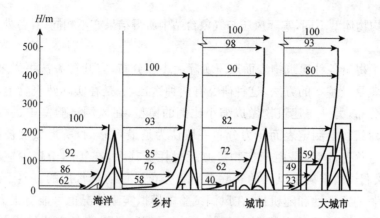

图 2-22　不同粗糙度影响下的风剖面(平均风速分布型)

μ_z——风压高度变化系数。

我国规范*将地貌分为 A, B, C, D 四类,有关参数 α、H_{Ta} 如表 2-6 所示。

表 2-6　　　　　　　　　我国规范四类地貌及 α、H_{Ta} 表

类别	下 垫 面 性 质	α	H_{Ta}/m
A	近海海面、海岛、海岸、湖岸及沙漠地区	0.12	300
B	田野、乡村、丛林、丘陵以及房屋比较稀疏的乡镇和城市郊区	0.16	350
C	有密集建筑群的城市市区	0.22	400
D	有密集建筑群且房屋较高的城市市区	0.30	450

与不同地貌类别对应的 μ_z 值为

$$\mu_{zA} = 1.379 \times \left(\frac{z}{10}\right)^{0.24}$$

$$\mu_{zB} = \left(\frac{z}{10}\right)^{0.32}$$

$$\mu_{zC} = 0.616 \times \left(\frac{z}{10}\right)^{0.44} \tag{2-20}$$

$$\mu_{zD} = 0.318 \times \left(\frac{z}{10}\right)^{0.60}$$

(2) 风载体型系数和刚性模型风洞试验

---

* 编者注:这里所引用的规范是《建筑结构荷载规范》(GB 50009—2001)。现在规范已改为《建筑结构荷载规范》(GB 50009—2012),所以,表 2-6 和公式(2-20)中的有些参数已有所变化,详见新的规范。以下也同。

结构物体型不同,实际风压与气象台站中所得结果亦不相同,且各处分布也不均匀。

为了得出各种建筑物表面风压实际大小和分布,有几种方法可以来确定。通过试验是最基本的方法,这种研究有两种途径,一是在实际建筑物上测定表面压力分布,另一将建筑物做成缩小比例的模型,在风洞试验室中进行试验。在实际建筑物上测定表面压力分布一般认为是最可靠的,所得数据被认为是最有参考价值的,但是由于实物量测耗时耗资甚大,在实际中较少应用。因此,按风洞试验来确定风压的实际大小和分布是目前最常用的。鉴于近地风具有显著的紊乱性和随机性,在风洞试验中模拟实际情况也可能有很大出入,因而风洞试验结果的准确度也存在一定的问题,最好能与实测结果相比照。据一些资料说明,在建筑物某些部位,风洞试验的结果可以大大高出实测值,但这是偏于安全的。由于计算机的应用十分普遍,以及计算速度近年来的飞快发展,采用计算机来分析建筑物表面风压实际大小和分布(即数值风洞方法)的研究近年来也逐渐成熟,在工程上应用也有见报道。但由于计算精度(特别是边角处)与试验比较有一定的出入,因而目前仍在发展之中,国内外尚未将它列入规范之中。

从上所述可见,目前采用风洞试验方法来确定建筑物表面风压实际大小和分布仍是最常用的方法。风洞试验所用的模型有两种,一种为刚性模型,主要用于确定建筑物表面风压大小和分布;另一种为弹性模型,能够量测模型各处的内力和位移,验证计算分析结果的精确度。刚性模型试验比较简单,模型几何相似是最主要的,并且除了风洞风剖面要做到与实际一致外,还要注意模型在风洞中的阻塞度。阻塞度太大,那么模型的绕流及其气动力特性将不再代表原型物的情况,应作修正。当阻塞度为 2% 时,阻塞修正量大概为 5% 左右,而且阻塞修正量与阻塞比成正比。在采用弹性模型时,还要注意刚度分布、质量分布、阻尼比以及气动相似参数如雷诺数、弗劳德数等的相似。

风在建筑物表面引起的实际压力或吸力与来流风压[按式(2-18)计算]的比值,常用下式来表示:

$$\mu_s = \frac{w(\text{实际})}{w(\text{计算})} = \frac{w(\text{实际})}{\rho v^2/2} \qquad (2-21)$$

图 2-21 是作者参加的以长方形外形、矩形截面为模型的一次正迎风的风洞试验结果。各外表面均等分为十等分,如图 2-23(a)所示,所得数据如图 2-23(b)、(c)、(d)所示。可以看出,迎风面都为压力,中部略大;背风面为吸力,上部

稍大；侧面为吸力，比较均匀。由于一些因素影响，数据略有不对称。

由于各面上各点的风压比值并不相等，工程上为了简化，常取各面上的平均值或整体的平均值表示该面或整体所取代表面（常取垂直风向的最大投影面积）上的压力比值。由于测点布置可以不均匀，故取各测点的实测值乘以相应的面积进行加权平均，此时该面上或整体面上的压力比值为

$$\mu_s = \frac{\sum_{i=1}^{\infty} \mu_{si} A_i}{A} \quad (2\text{-}22)$$

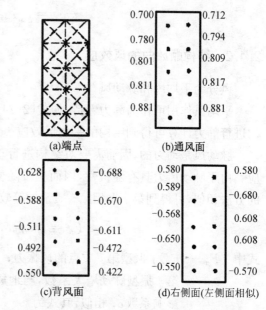

(a)端点　(b)通风面　(c)背风面　(d)右侧面(左侧面相似)

图 2-23　长方形模型上体型系数风洞试验值

当测点布置比较均匀时，如图 2-23 所示，则式(2-22)变成

$$\mu_s = \frac{\sum_{i=1}^{n} \mu_{si}}{n} \quad (2\text{-}23)$$

图 2-23 迎风面的压力比值应为

$$\mu_s = \frac{0.700 + 0.790 + 0.801 + 0.811 + 0.611 + 0.712 + 0.794 + 0.809 + 0.817 + 0.661}{10}$$

$$= 0.756$$

在我国规范中，上述实际压力与来流风压的比值常称为风载体型系数。在一些国家规范中，也常将针对结构某一表面或某一部分所得到的比值，称为压力系数；对结构整体而得到的比值，称为力系数或风力系数。对于常用的体型，我国规范中已列出了相应的风载体型系数；对于未列入的体型，宜作风洞试验来得出风载体型系数。

（3）平均风荷载

压力比值 μ_s 乘以该高度 z 处的风压 $\mu_z w_0$，即为该处静力风荷载或平均风荷载 w_{zs}（kN/m^2），即

$$w_{zs} = \mu_s \mu_z w_0 \qquad (2\text{-}24)$$

2.4.2 结构顺风向的风效应

风分为平均风和脉动风。

平均风作用可作为静力看待,如式(2-24)所示。在平均风作用下,通过对结构进行静力计算可得到结构的平均风效应。

脉动风是动力的,因而需要对结构进行动力分析才能得到结构的脉动风效应。由于脉动风力具有随机性,因而应按随机振动理论进行分析。与求地震力的方法相似,可得到第 j 振型第 i 质量的等效风振力(或简称风振力)为

$$F_{ji} = \xi_j u_j \phi_{ji} M_i w_0 \qquad (2\text{-}25)$$

式中 F_{ji} ——第 j 振型第 i 质点的风振力;

ξ_j ——第 j 振型脉动增大系数,与地震力表达式中第 j 振型的水平地震影响系数 α_j 相似,其式为

$$\begin{cases} \xi_j = \sqrt{1 + \dfrac{x_j^2 \dfrac{\pi}{6\zeta_j}}{(1+x_j^2)^{\frac{4}{3}}}} \\ x_j = \dfrac{1\,200 f_j}{\bar{v}_{10}} = \dfrac{30}{\sqrt{w_0 T_j^2}}, \quad \left(\text{取} \quad w_0 = \dfrac{\bar{v}_0^2}{1\,600}\right) \end{cases} \qquad (2\text{-}26)$$

式中,u_j 为第 j 振型脉动影响和振型参与系数,与地震力表达式中的第 j 振型参与系数 γ_j 相似,但多了脉动风力的影响,见式(2-27)

$$u_j = \frac{\sqrt{\displaystyle\sum_i \sum_{i'} \mu_{fi} \mu_{si} \mu_{zi} A_i \phi_{ji} \rho_{ii'} \mu_{fi'} \mu_{si'} \mu_{zi'} A_{i'} \phi_{ji'}}}{\displaystyle\sum_i M_i \phi_{ji}^2} \qquad (2\text{-}27)$$

式中 μ_{fi} ——第 i 质点与脉动风有关的风压脉动系数,为

$$\mu_f(z) = 0.5 \times 35^{1.8(\alpha-0.16)} \mu_z^{-\frac{1}{2}}(z) = 0.5 \times 35^{1.8(\alpha-0.16)} \left(\frac{z}{10}\right)^{-\alpha} \qquad (2\text{-}28)$$

$\rho_{ii'}$ ——第 i 质点和为第 i' 质点的风压空间相关性系数,可取

$$\rho_{ii'} = \exp\left\{-\left[\left(\frac{z_i - z_{i'}}{60}\right)^2 + \left(\frac{x_i - x_{i'}}{50}\right)^2\right]^{\frac{1}{2}}\right\} \qquad (2\text{-}29)$$

ϕ_{ji} ——第 j 振型上第 i 质点处的值,可根据结构振动力学求得(对于单自由
度结构,此值等于 1;对于较多自由度的结构,可利用计算机程序进
行计算);

M_i ——第 i 质点的质量;

w_0 ——该地区的基本风压,我国国家标准"建筑结构荷载规范"已对各地都
列出基本风压值;

A_i,$A_{i'}$ ——第 i 质点和第 i' 质点的有效影响面积。

按式(2-25)求出第 j 振型第 i 质点的风振力 F_{ji} 后,即可求出第 j 振型各质
点的风振响应 R_{ji}。第 i 质点的总响应可按"平方总和开方方法"计算,即本章
第 1 节的公式(2-6),这里再写出如下

$$R_i = \sqrt{R_{1i}^2 + R_{2i}^2 + \cdots + R_{ni}^2} \tag{2-30}$$

顺风向效应是结构风工程中必须考虑的效应。在一般情况下,它起着主要
的作用,但当下面第三点和第四点起作用时,后者将产生决定性的影响。

对于截面特性沿高度不变的高层建筑和细柔的高耸结构,一般地,结构的第
1 振型起主要作用。此时,如只考虑第 1 振型的影响,则有关公式可作简化。例
如,第 i 质点或 z 高度处顺风向总响应 R_z 可按下面的简化方法计算:首先将平均
风荷载 w_{zs} 和因脉动风引起风振的等效脉动风荷载 w_{zd} 相加得到总风荷载 w_z;
然后再按结构力学方法直接求出总响应 R_z。由式(2-24)和式(2-25),总风荷载
w_z 为

$$w_z = w_{zs} + w_{zd} = \mu_s \mu_z w_0 + \xi_1 u_1 \phi_{1z} \bar{m} w_0 = \beta_m z \mu_s \mu_z w_0 \tag{2-31}$$

其中,

$$\beta_z = \frac{w_{zs} + w_{zd}}{w_{zs}} = 1 + \frac{\xi_1 u_1 \phi_{1z} \bar{m}}{\mu_s \mu_z} \tag{2-32}$$

在式(2-31)和式(2-32)中,$\bar{m}$ 为单位高度上的质量。β_z 称为 z 高度处的风振系
数,它是根据只考虑第 1 振型影响而得出的。

由于工程结构的自由度数目一般较多,与抗震计算一样,上述结构顺风向风
效应的所有力学计算以及荷载组合、截面设计等,一般都是利用计算机程序通过
计算机进行计算的。因而,学习计算机程序和计算机应用对于学习土木工程结
构来说是必不可少的。

下面举一例子说明结构顺风向风效应的计算方法。

某一等截面的钢高耸结构,高度 $H = 90$ m,在 $z = 60$ m 高度处有一平台,致使该处质量猛增。将整个结构的质量集中为三个质点,如图 2-24(a)所示。按照结构力学方法,求出结构的第 1 阶和第 2 阶自振周期为 $T_1 = 1$ s,$T_2 = 0.142$ s;相应的第 1 阶和第 2 阶振型如图 2-24(b)所示。已知该结构所在地区为 B 类地貌,基本风压为 $w_0 = 0.4$ kN/m²;结构的抗弯刚度与总质量的比值为 $EI/M = 37.6 \times 10^6$ kN·m²/t。求脉动风引起的底部剪力和顶点水平位移,并与平均风引起的值及高振型引起的值作一比较。

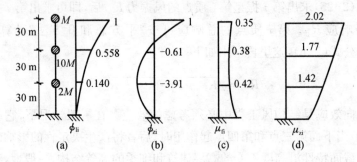

图 2-24 示例图

1. 风振力(仅考虑第 1 振型)

由 $w_0 T_1^2 = 0.4 \times 1^2 = 0.40$ kN·s²/m²,按式(2-26)可求得 $\xi_1 = 2.24$。

按式(2-27)可计算 u_1 值,其中的风压空间相关系数 ρ_z 可按式(2-29)计算,即按我国荷载规范所采用的公式计算。注意到 μ_s、l_z 为常数,因而 u_1 的计算表达式可写成

$$u_1 = \frac{\left[\sum_{i=1}^{3} \sum_{i'=1}^{3} \mu_{fi} \mu_{zi} \mu_{fi'} \mu_{zi'} \rho_{zii'} \phi_{1i} \phi_{1i'} \Delta H_i \Delta H_{i'} \right]^{\frac{1}{2}} \mu_s l_x}{\sum_{i=1}^{3} M_i \phi_{1i}^2}$$

$= [(0.42 \times 1.42 \times 0.14)^2 + (0.38 \times 1.77 \times 0.588)^2 +$

$(0.35 \times 2.02 \times 1 \times 0.5)^2 + (0.42 \times 1.42 \times 0.14) \times$

$(0.38 \times 1.77 \times 0.588) \times e^{-30/60} \times 2 + (0.42 \times 1.42 \times 0.14) \times$

$(0.35 \times 2.02 \times 1 \times 0.5) \times e^{-60/60} \times 2 + (0.38 \times 1.77 \times 0.588) \times$

$(0.35 \times 2.02 \times 1 \times 0.5) \times e^{-30/60} \times 2]^{\frac{1}{2}} \times 30/$

$(2 \times 0.14^2 + 10 \times 0.588^2 + 1 \times 1^2)M$

$= 5.046 \mu_s l_x / M$

由式(2-25)得到第一振型各点的风振力为

$$P_{\text{d}11} = 2.24 \times 5.046\, \mu_s l_x / M \times 0.14 \times 2M \times 0.4 = 1.266\, \mu_s l_x$$

$$P_{\text{d}12} = 2.24 \times 5.046\, \mu_s l_x / M \times 0.588 \times 10M \times 0.4 = 25.228\, \mu_s l_x$$

$$P_{\text{d}13} = 2.24 \times 5.046\, \mu_s l_x / M \times 1.0 \times 1M \times 0.4 = 4.521\, \mu_s l_x$$

显然,大质量的点 2 处有着很大的风振力。

2. 底部剪力

$$Q_{\text{d}1\text{o}} = P_{\text{d}11} + P_{\text{d}12} + P_{\text{d}13} = 31.015\, \mu_s l_x$$

3. 顶点水平位移

按结构力学方法进行计算,可根据各点的风振力,得

$$y_{\text{d}}(h) = 4.306 \times 10^6\, \frac{\mu_s l_x}{EI}$$

为了和风振系数法进行比较,这里也列出针对静力风荷载所求得的结果,即

$$Q_{\text{S}0} = P_{\text{S}1} + P_{\text{S}2} + P_{\text{S}3} = 50.4\, \mu_s l_x$$

$$y_{\text{s}}(h) = 6.235 \times 10^6\, \frac{\mu_s l_x}{EI}$$

于是,总的底部剪力为

$$Q_0 = 50.4\, \mu_s l_x + 31.015\, \mu_s l_x = 81.415 \mu_s l_x$$

从上述计算过程可以看出,质量大的结点,脉动风力的影响很大,甚至大于静力风荷载的影响。但从基底剪力及顶点位移来说,由于其他结点的影响,静力风荷载的影响仍略大于脉动风荷载的影响。

4. 用风振系数法计算的结果

由式(2-29)得

$$\beta_1 = 1 + 2.24 \times 5.046\, \frac{\mu_s l_x}{M} \times \frac{2M \times 0.140}{\mu_s \times 1.42 \times 30 l_x} = 1.07$$

$$\beta_2 = 1 + 2.24 \times 5.046\, \frac{\mu_s l_x}{M} \times \frac{10M \times 0.558}{\mu_s \times 1.77 \times 30 l_x} = 2.19$$

$$\beta_3 = 1 + 2.24 \times 5.046\, \frac{\mu_s l_x}{M} \times \frac{M \times 1}{\mu_s \times 2.02 \times 15 l_x} = 1.37$$

所以
$$P_1 = \beta_1 P_{s1} = 1.07 \times 17.04\mu_s l_x = 18.23\mu_s l_x$$
$$P_2 = \beta_2 P_{s2} = 2.19 \times 21.24\mu_s l_x = 46.52\mu_s l_x$$
$$P_3 = \beta_3 P_{s3} = 1.37 \times 12.12\mu_s l_x = 16.60\mu_s l_x$$

所以
$$Q_0 = P_1 + P_2 + P_3 = 81.35\mu_s l_x$$

对于总的顶点水平位移，也可得类似结果。

5. 考虑第 2 阶振型的计算结果

根据 $w_0 T_2^2 = 0.40 \times 0.142^2 = 0.00807$，由式(2-26)得 $\xi_2 \approx 1.47$。

由式(2-27)得

$$
\begin{aligned}
u_2 = & [(-0.42 \times 1.42 \times 0.391)^2 + (-0.38 \times 1.77 \times 0.161)^2 + \\
& (0.35 \times 2.02 \times 1 \times 0.5)^2 + (-0.42 \times 1.42 \times 0.391) \times \\
& (-0.38 \times 1.77 \times 0.161) \times e^{-30/60} \times 2 + (-0.42 \times 1.42 \times 0.391) \times \\
& (0.35 \times 2.02 \times 1 \times 0.5) \times e^{-60/60} \times 2 + (-0.38 \times 1.77 \times 0.161) \times \\
& (0.35 \times 2.02 \times 1 \times 0.5) \times e^{-30/60} \times 2]^{\frac{1}{2}} \times 30/ \\
& [(2 \times 0.391^2 + 10 \times 0.161^2 + 1 \times 1^2)] \\
= & 6.489\mu_s l_x/M
\end{aligned}
$$

所以
$$P_{d21} = 1.47 \times 6.489\mu_s l_x/M \times (-0.391) \times 2M \times 0.4 = -2.984\mu_s l_x$$
$$P_{d22} = 1.47 \times 6.489\mu_s l_x/M \times (-0.161) \times 10M \times 0.4 = -6.143\mu_s l_x$$
$$P_{d23} = 1.47 \times 6.489\mu_s l_x/M \times 1.0 \times 1M \times 0.4 = 3.816\mu_s l_x$$

所以

$$Q_{d20} = P_{d21} + P_{d22} + P_{d23} = -5.311\mu_s l_x$$
$$Q_{d0} = \sqrt{Q_{d10}^2 + Q_{d20}^2} = \sqrt{31.015^2 + (-5.311)^2}\mu_s l_x = 31.466\mu_s l_x$$

由此可见，第 2 振型响应对底部剪力得影响仅占 1.5% 左右。如再考虑第 3 振型，则影响更小。

第 2 振型的顶点位移求得为

$$y_{d2}(H) = 0.0733 \times 10^6 \frac{\mu_s l_x}{EI}$$

所以

$$y_{\mathrm{d}}(H) = \sqrt{y_{\mathrm{d}1}^2(H) + y_{\mathrm{d}2}^2(H)} = 4.307 \times 10^6 \frac{\mu_{\mathrm{s}} l_x}{EI}$$

由此可见,对于位移来说,第2振型影响极小,第1振型的响应起着主要的决定性的作用。

2.4.3　结构横风向效应及共振效应

在横风向风力的作用下,由于旋涡形成的情况不同,结构受力性质也将不同,它与截面形状以及雷诺数(Reynolds number,简记为 Re)有关。

在空气流动中,对流体质点起主要作用的是两种力:惯性力和黏性力。根据牛顿第二定律,作用在流体上的惯性力为单位面积上的压力 $\frac{1}{2}\rho v^2$ 乘以面积,见式(2-18)。黏性力是反映流体抵抗变形能力的力,它等于黏性应力乘以面积。代表抵抗变形能力大小的流体性质称为黏性,一般记为 μ ,它是由于传递剪力或摩擦力而产生的;把黏性 μ 乘以速度梯度 $\frac{\mathrm{d}v}{\mathrm{d}y}$ 或剪切角 γ 的时间变化率,称为黏性应力。

工程科学家雷诺在19世纪80年代,通过大量实验,首先给出了以惯性力与黏性力之比为参数的动力相似定律,以后被命名为雷诺数。只要雷诺数相同,动力学便相似。这样,通过风洞实验便可预言真实结构所要承受的力。同时,雷诺数也是衡量平滑流动的层流(laminar flow)向混乱无规则的紊流(湍流,turbulence)转变的尺度。因为惯性力的量纲为 $\rho v^2 l^2$,而黏性力的量纲是黏性应力 $\mu \frac{v}{l}$ (式中, μ 称为黏性)乘以面积 l^2 ,故雷诺数为

$$Re = \frac{\rho v^2 l^2}{\frac{\mu v}{l} \times l^2} = \frac{\mu v l}{\mu} = \frac{v l}{v} \tag{2-33}$$

式中, $v = \frac{\mu}{\rho}$ 称为运动黏性,它等于绝对黏性 μ 除以流体密度 ρ ,其值为 0.145×10^{-4} m²/s。将该值代入式(2-33),并用垂直于流速方向物体截面的最大尺度 B 代替上式的 l ,则式(2-33)变成

$$Re = 69\,000\ vB \tag{2-34}$$

由于雷诺数的定义是惯性力与黏性力之比,因而如果雷诺数很小,例如小于 $1/1\,000$,则惯性力与黏性力相比可以忽略,即意味着高黏性的流动行为;另一方

面,如果雷诺数相当大,例如大于 1 000,则意味着黏性力影响很小,惯性力起着主要作用,空气流动中的结构所受的风荷载常常是这种情况。

图 2-25 表示在雷诺数取值的各个阶段流体流经圆柱体后的流动特征。可以看出,它经过了三个不同的阶段。当 $Re < 3 \times 10^5$ 时,旋涡形成是很有规则的,并作周期性旋涡脱落运动;当 $3 \times 10^5 \leqslant Re < 3.5 \times 10^6$ 时,旋涡形成脱落极不规则;而当 $Re \geqslant 3.5 \times 10^6$ 时,旋涡又逐步有规则起来了。雷诺数太小或小于 3×10^2 的情形在工程上极少碰到,因而根据上述 3 个阶段,工程上对圆筒式结构划分 3 个临界范围。

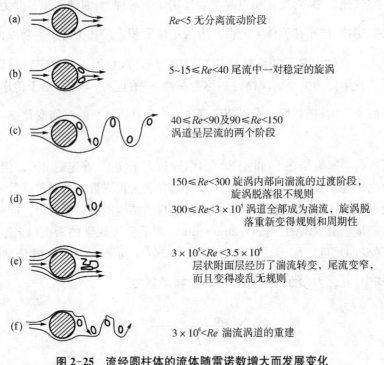

(a) $Re < 5$ 无分离流动阶段

(b) $5\sim15 \leqslant Re < 40$ 尾流中一对稳定的旋涡

(c) $40 \leqslant Re < 90$ 及 $90 \leqslant Re < 150$
涡道呈层流的两个阶段

(d) $150 \leqslant Re < 300$ 旋涡内部向湍流的过渡阶段,旋涡脱落很不规则
$300 \leqslant Re < 3 \times 10^5$ 涡道全部成为湍流,旋涡脱落重新变得规则和周期性

(e) $3 \times 10^5 < Re < 3.5 \times 10^6$
层状附面层经历了湍流转变,尾流变窄,而且变得凌乱无规则

(f) $3 \times 10^6 < Re$ 湍流涡道的重建

图 2-25　流经圆柱体的流体随雷诺数增大而发展变化

(1) 亚临界(Subcritical)范围,通常取 $3 \times 10^2 < Re < 3 \times 10^5$;由于受到旋涡周期性形成脱落影响,结构将产生周期性的确定性振动。

(2) 超临界(Suppercritical)范围,通常取 $3 \times 10^5 \leqslant Re < 3.5 \times 10^6$;由于旋涡脱落不规则,结构将产生不规则随机振动。

(3) 跨临界(Transcritical)范围,通常取 $Re \geqslant 3.5 \times 10^6$;在跨临界范围,结构将又出现周期性的确定性振动。

　　由于前两个范围雷诺数较小,而跨临界范围雷诺数大($Re \geqslant 3.5 \times 10^6$)风速也大,并且结构将出现周期性的确定性振动,如在设计风速范围内发生共振,将产生严重的影响。因而,工程上对结构横风向风振的检查重点是,设计风速在跨临界范围内时旋涡周期性脱落的频率f_s与结构第j阶固有频率f_j相同(即发生共振)的情况。

　　旋涡脱落的频率f_s可以通过一个叫做斯脱罗哈数(Strouhal Number,简记为S_t)的参数求出。斯脱罗哈数是个无量纲数,它的定义是

$$S_t = \frac{f_s B}{v} = \frac{B}{v T_s} \tag{2-35}$$

式中　B——通常取垂直于流速方向结构截面的最大尺度;

　　　　S_t——斯脱罗哈数,由试验确定。在雷诺数的不同范围(亚、跨)、不同风速的情况下,S_t有不同的值,但常取成常数0.20。共振时,$T_s = T_j$,此时的风速为临界风速v_{cr},则上式可进一步写成

$$v_{cr,\,j} = \frac{f_j B_z}{S_t} = \frac{B_z}{S_t T_j} \tag{2-36}$$

式中　B_z——通常取垂直于流速方向结构截面的最大尺度;对于圆筒形结构,它即为圆筒的外径(m);当圆筒有一定的锥度时,可取圆筒2/3高度处的外径;

　　　　S_t——斯脱罗哈数,对圆形截面的结构或构件可取0.2;

　　　　T_j——结构或构件的第j振型自振周期(s)。

　　试验表明,当风速达到临界风速后,虽然风速可能会进一步增大,但这一临界风速值却在很长一段风速范围内保持不变化,这一现象称为"锁住"。因而,结构发生横风向旋涡脱落共振时的风力模型可取成如图2-26所示。

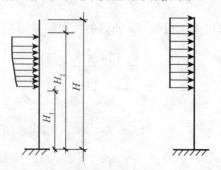

图2-26　横风向旋涡脱落共振风力模型

图中,共振风力的起始高度 H_1 是设计风速沿高度升高至到达临界风速时的高度,其式为

$$H_1 = 10 \left(\frac{v_{cr,j}}{v_{0\alpha}} \right)^{\frac{1}{\alpha}} = H \left(\frac{v_{cr,j}}{v_{H,\alpha}} \right)^{\frac{1}{\alpha}} \tag{2-37}$$

式中,$v_{0\alpha}$,$v_{H,\alpha}$ 分别为地面粗糙度指数为 α 的场地 10 m 和 H 高度处的平均风速。这样一来,验算横风向共振的条件为

当雷诺数 $Re = 69\,000vB(z) \geqslant 3.5 \times 10^6$ 且高度 H 处的风速达到 $v_H = 40\sqrt{\mu_H w_0} > v_{cr,j}$($\mu_H$ 为高度 H 处的风压高度变化系数)时,可能发生横风向共振(跨临界范围的共振)。采用与顺风向风荷载类似的表达式,第 i 振型第 i 质点横风向共振力(即等效共振荷载)w_{Lji}($\mathrm{kN/m^2}$)应为

$$w_{Lji} = \frac{\mu_L v_{cr,j}^2 \phi_{ji} \lambda_j}{3\,200 \zeta_j} \tag{2-38}$$

式中 μ_L——横向力系数,可取 $0.2\sim0.25$;

        λ_j——第 j 振型共振区域系数,由表 2-7 确定。

表 2-7 λ_j 计算用表

结构类型	振型序号	H_1/H										
		0	0.1	0.2	0.3	0.4	0.5	0.6	0.7	0.8	0.9	1.0
高耸结构	1	1.56	1.55	1.54	1.49	1.42	1.31	1.15	0.94	0.68	0.37	0
	2	0.83	0.82	0.76	0.60	0.37	0.09	−0.16	−0.33	−0.38	−0.27	0
	3	0.52	0.48	0.32	0.06	−0.19	−0.30	−0.21	0.00	0.20	0.23	0
	4	0.30	0.33	0.02	−0.20	−0.23	0.03	0.16	0.15	−0.05	−0.18	0
高层建筑	1	1.56	1.56	1.54	1.49	1.41	1.28	1.12	0.91	0.65	0.35	0
	2	0.73	0.72	0.63	0.45	0.19	−0.11	−0.36	−0.52	−0.53	−0.36	0
	3	0.52	0.49	0.31	0.01	−0.24	−0.35	−0.23	0/03	0.25	0.38	0
	4	0.36	0.30	0.05	−0.21	−0.23	0.01	0.24	0.21	−0.04	−0.20	0

注:+或−号仅插值用,结构分析时均取绝对值。

按材料力学可求得第 j 振型第 i 质点的横风向共振位移为

$$x_{ji} = \frac{\xi_{Lj} u_{Lj} \phi_{ji} w_0}{\omega_j^2} \tag{2-39}$$

式中

$$\xi_{Lj} = \frac{1}{2\zeta_j} \tag{2-40}$$

$$u_{Lj} = \frac{\mu_L v_{cr,j}^2 B \lambda_j}{1\,600 w_0 m} \tag{2-41}$$

应该指出,由于雷诺数 Re 与风速 v 的大小成比例,因而跨临界范围就成为工程上进行横风向验算时最注意的范围。特别是当旋涡周期性脱落的频率 f_s 与结构自振频率 f_j 一致时,结构将产生比静力作用大几十倍的共振响应,见式(2-39),式中的 u_{Lj} 相当于第 j 振型临界风荷载,ξ_{Lj} 相当于第 j 振型横风向共振增大系数。我国规范对钢结构、房屋钢结构、钢筋混凝土结构,阻尼比 ζ 分别取为 0.01,0.02,0.05,则共振时结构的响应将分别增大 50,25 和 10 倍,因此工程上常把注意力集中在跨临界范围的共振响应验算上。当雷诺数 Re 处于亚临界范围时,虽然结构也可发生横风向共振,但由于风速较小,风力对结构的作用不如在跨临界范围内那么严重,通常可采用构造方法加以处理。对于超临界范围,由于不会产生增大几十倍的共振响应,且风速也不甚大,工程上常不作进一步的处理。

这里举一实例来加深理解。如图 2-27 所示为一钢烟囱,高度 $H = 90$ m,顶端直径为 4.5 m,底部直径分别为 6.95 m 和 6.50 m。已知 $S_t = 0.22$,$f_1 = 0.75$ Hz,$\zeta_1 = \dfrac{0.03}{2\pi}$,$\alpha = 0.125$,$v_{0a} = 15$ m/s。求顶端横向最大位移。

1. 计算上简化

在实际工程中,烟囱沿高度变化的锥度不大,通常可取 $\dfrac{2}{3}H$ 高度处的结构特性(直径、质量等)作为等截面结构来处理;在到达临界荷载后,从 H_1 至顶端的荷载作为均布荷载来处理。这样的计算简图如图 2-27 所示。此时有

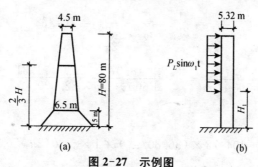

图 2-27 示例图

$$D\left(\frac{2}{3}H\right) = 4.5 + (6.5 - 4.5) \times \frac{30}{75} = 5.30 \text{ m}$$

$$m\left(\frac{2}{3}H\right) = 82\,320 \text{ kg/m} = 82.320 \text{ t/m}$$

2. 计算范围分析

$$v\left(\frac{2}{3}H\right) = 15 \times \left(\frac{60}{10}\right)^{0.125} = 18.77 \text{ m/s}$$

代入公式(2-34)得到

$$Re = 69\,000 vB = 69\,000 \times 18.77 \times 5.30 = 6.86 \times 10^6 > 3.5 \times 10^6$$

属跨临界范围,应验算旋涡脱落共振响应,现只考虑第 1 振型。

3. 临界风速

由式(2-35)

$$v_{cr,1} = \frac{5.30 \times 0.75}{0.22} = 18.07 \text{ m/s}$$

4. 横向共振荷载作用范围

由式(2-36)

$$H_1 = 10 \times \left(\frac{18.07}{15}\right)^{\frac{1}{0.125}} = 45.75 \text{ m}$$

则 $H_1 = 45.75$ m 至柱顶为共振荷载作用范围。

5. 顶点位移计算

由式(2-39),取 $j = 1$,得

$$x_{1i} = \frac{\xi_{L1} u_{L1} \phi_{1i} w_0}{\omega_1^2}$$

而

$$\xi_{L1} = \frac{1}{2\zeta_1} = \frac{1}{2 \times \frac{0.03}{2\pi}} = 104.72$$

$$u_{L1} = \frac{\mu_L v_{cr,1}^2 B \lambda_1}{1\,600 w_0 m} = \frac{0.2 \times 18.07^2 \times 5.30 \times 1.31}{1\,600 \times w_0 \times 82.320} = \frac{36.80}{w_0}$$

由式(2-39)得

$$x_H = 104.72 \times (36.80/w_0) \times 1 \times w_0 / (2\pi \times 0.75)^2$$
$$= 0.015\,8 \text{ m}$$

本题的试验结果为 0.015 m,较为符合。

2.4.4 结构空气动力失稳

由于结构截面的形状以及可能产生的攻角,即相对气流方向与翼弦或截面主轴的夹角,也称迎角,如图 2-28 所示,结构可能产生负阻尼,从而在风速到达某一临界值后,结构振动不能减小,而是越振越大,即产生所谓空气动力失稳。

前文谈到的美国塔科马大桥在小风中跨塌就是这类例子。这种现象在工程上是力图避免的,因而在工程结构抗风设计中应该加以验算,以避免破坏事故的发生。

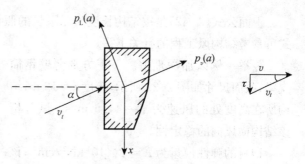

图 2-28 任意截面任意向风力下的风力

根据结构振动力学和风工程的分析,如将结构按无限长处理,可得出临界风速计算的简单公式为

$$v_{cr} = \frac{4\zeta_1 \omega_1 m}{\rho B \mu'_{DL}(0)} \qquad (2-42)$$

式中 ζ_1 ——结构第 1 阶振型的阻尼比,为正值;

$\mu'_{DL}(0)$ ——顺横受力综合系数在零攻角时的导数。

$\mu'_{DL}(0)$ 由试验确定,其值为正时,空气动力失稳可以发生,其值为负时,空气动力失稳不可能发生。

对于圆截面结构,该值为负,因而不可能发生空气动力失稳;但对于非圆截面结构,就有可能。表 2-8 列出了几种截面的 $\mu'_{DL}(0)$ 为正时的值。

表 2-8　　　　　　　各种截面在稳定流动中 $\pmb{\mu'_{DL}(0)}$ 值

截面形状	Re	$\mu'_{DL}(0)$
霁	66 000	+2.7
1 ⇕ 矩形 宽2高1	33 000	+3.0
1 ⇕ 矩形 宽4高1	2 000~20 000	+10.0
≫	75 000	+0.66

注:风的流向是从左向右。

对于桥梁结构截面型式,$\mu'_{DL}(0)$ 有可能为负,因而应特别引起注意。在桥梁设计规范中,常把验算空气动力失稳放在首位。

上面公式(2-42)是按结构长度为无限长的假设而得出的,更合理的计算公式可参考结构风工程的有关书籍。

兹举一例以加深理解。一正方形薄壁钢简支梁,截面尺寸如图 2-29 所示,跨度 $l = 12$ m;结构所在高度处的风速为 $v = 44.5$ m/s。试分析该结构横风向的稳定性。

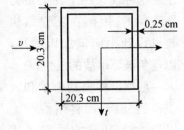

钢材的弹性模量为 $E = 2 \times 10^4$ kN^2/cm^2;该截面的弯曲面积惯性矩为 $I = 1\,420$ cm^4,横截面面积 $A = 20.5$ cm^2,单位长度的质量为

图 2-29　示例截面

$$m = \frac{\gamma}{g}A = \frac{80.2 \times 10^{-6}}{980} \times 20.5$$
$$= 1.678 \times 10^{-6} \text{ kN} \cdot \text{s}^2/\text{cm}^2$$

由此求得梁的第 1 阶自振频率 $f_1 = 4.49$ Hz。

由表 2-8 查得 $\mu'_{DL}(\alpha) = +2.7$。空气质量密度为 $\rho = 0.125 \times 10^{-10}$ kN · s^2/cm^4,钢的阻尼比 $\zeta = 0.01$ 如取节段模型,由式(2-42)得到

$$v_{0cr} = \frac{4 \times 0.01 \times (2\pi \times 4.49) \times 1.678 \times 10^{-6}}{0.125 \times 10^{-10} \times 2.7 \times 20.3} = 2\,764 \text{ cm/s} = 27.64 \text{ m/s}$$

因为实际风速 $v = 44.5$ m/s 远大于 $v_{0cr} = 27.64$ m/s,因而梁将产生空气动力失稳。增大梁的宽度以提高自振频率等方法可以避免不稳定现象发生。

如上所述,公式按长度为无限长假设得出,更合理的公式可参考结构风工程类有关书籍。

第 3 章

重大工程示例分析
——上海东方明珠广播电视塔

上海东方明珠广播电视塔(以下简称"东方明珠塔")坐落于黄浦江畔浦东陆家嘴的嘴尖上,与外滩的万国建筑博览群隔江相望,如图 3-1 所示,环境的夜景图,图 3-2 是东方明珠塔的三根擎天立柱和球体的夜景图。东方明珠塔的塔高为 468 m,和左右两侧的南浦大桥、杨浦大桥一起,形成双龙戏珠之势,成为上海改革开放的象征。东方明珠塔的设计者富于幻想地将 11 个大小不一、高低错落的球体从蔚蓝的空中串联到如茵的绿色草地上,两个巨大球体宛如两颗红宝石,晶莹夺目,与塔下世界一流的上海国际会议中心(1999 财富论坛上海年会主会场)的两个地球球体,构成了充满"大珠小珠落玉盘"的诗情画意的壮美景观。

图 3-1　上海东方明珠广播电视塔与周围建筑

东方明珠塔由 3 根直径为 9 m 的擎天立柱、太空舱、上球体、下球体、5 个小球、塔座和广场组成,立体图如图 3-3 所示。拥有可载 50 人的双层电梯和每秒 7 m 的高速电梯。立体照明系统绚丽多彩、美不胜收(图 3-3)。光彩夺目的上球体观光层直径 45 m,高 263 m,是鸟瞰大上海的最佳场所。当风和日丽时,举目远望,佘山、崇明岛都隐约可见,令人心旷神怡。上球体 267 m 高处另设有旋转餐厅(每小时转一圈)、DISCO 舞厅、钢琴酒吧,在 271 m 高处设有 20 间 KTV 包房向游客开放。高耸入云的太空舱建在 342 m 高处,内有观光层、会议厅和咖啡座,典雅豪华、得天独厚。空中旅馆设在 5 个小球

图 3-2　上海东方明珠广播电视塔的三根擎天立柱和球体的夜景

中,有 20 套客房,环境舒适、别有情趣。

东方明珠塔集观光、会议、博览、餐饮、购物、娱乐、住宿、广播电视发射为一体,已成为 21 世纪上海城市的标志性建筑。目前,东方明珠塔的年观光人数和旅游收入在世界各高塔中仅次于法国的艾菲尔铁塔而位居第二,从而跻身世界著名旅游景点行列。

东方明珠塔于 1995 年 5 月 1 日建成剪彩。对外开放以来,接待了千百万游客登塔观光。高峰时,竟达一天24 000人,许多人是从全国乃至世界各地慕名而来。它受到人们如此的喜爱,因而被公认为是上海的城市标志。

东方明珠塔之所以成为上海的重要标志,不在于它的高度当时居世界第三,而在于它那优美的造型和独特的结构。它是建筑结构和中国民族文化的完美结合。该结构很好地体现了现代力学,因而,在相当大的程度上,可以说是现代力学造就了东方明珠塔。

以下介绍东方明珠塔从设计方案到抗风力学计算的全过程。作为对比,最后还将对广州新电视塔作简单介绍。

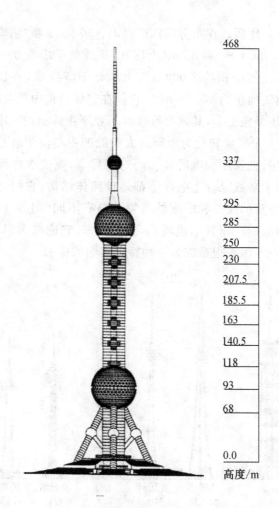

图 3-3　上海东方明珠广播电视塔的立体图

3.1　结构方案——混凝土塔的突破

　　东方明珠广播电视塔于 1988 年 8 月开始进行方案竞选,但方案准备工作从 1987 年 1 月就已开始。电视塔由于它那少有的高度,应该成为城市的重要标志。作为标志,有两个必要条件:第一,它是精品,要立意高,造型好;第二,它一定要与众不同,有它独特的风格,使人们一看到它就想起上海,不能和世界上其他高塔雷同。对于前者,设计者选取了明珠作为创作主题,它较好地反映了上海的地位和作用。在东方明珠广播电视塔的 11 颗"明珠"中,最大的两颗直径分别为 50 m(下球)和 45 m(上球)。下球处于塔身 68～118 m 高度的位置,共有 6 层,建筑面积约 7 000 m²;上球处于塔身 250～295 m 高度的位置,内有 9 层,建筑面积约 10 000 m²。它们在整体结构中虽是次要结构,但无论在设计、构造还是施工上,其重要程度并不亚于主体结构。塔的主体结构在287 m 标高处由 3 个竖筒转化为单筒。太空舱的中心位于塔身 342 m 高度的位置,内有观光层、会议厅和咖啡座。而对于后者,则要求在设计思想上有所突破。世界上绝大多数混凝土电视塔都是单筒体结构,它们之间的区别只是在塔楼的形状、塔身的线条和塔座的布置上略有不同(图 3-4,未包括正在建造中的近 600 m 高的广州新电视塔)。粗看起来,它们都大同小异,人们戏称为"烟囱加糖葫芦",因而很难成为一种特色鲜明的标志。

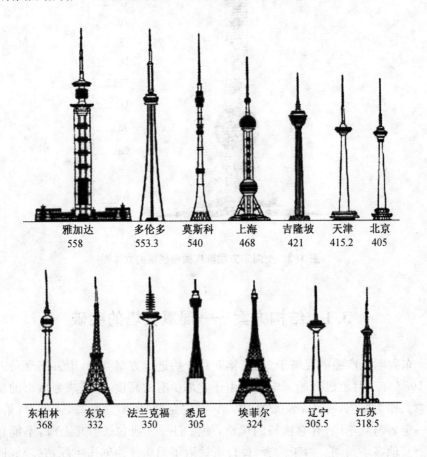

雅加达	多伦多	莫斯科	上海	吉隆坡	天津	北京
558	553.3	540	468	421	415.2	405

东柏林	东京	法兰克福	悉尼	埃菲尔	辽宁	江苏
368	332	350	305	324	305.5	318.5

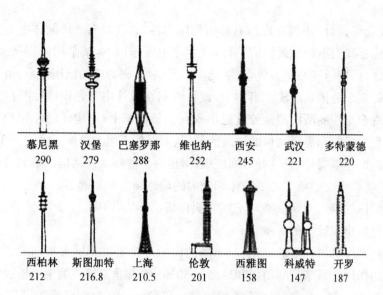

慕尼黑	汉堡	巴塞罗那	维也纳	西安	武汉	多特蒙德
290	279	288	252	245	221	220

西柏林	斯图加特	上海	伦敦	西雅图	科威特	开罗
212	216.8	210.5	201	158	147	187

图 3-4　世界上已建成的电视塔概况（单位：m）

　　单筒体（包括它的变体）作为混凝土电视塔的主要结构形式，始于1956年的斯图加特塔，设计者是 Leonhardt 博士。在这之后，欧洲、北美洲、中国相继建造了许多座相似的电视塔。从力学观点上说，单筒体结构用于高耸塔，具有很大的优点，那就是它受力简单明确，各个方向的截面性质相同，并且将材料集中放到截面的外边缘，从而获得最大的惯性矩，能最好地抵抗来自不同方向的风力作用。在混凝土塔的建设历史上，也曾经有许多人寻求突破，均因在经济上不能与单筒体结构相匹敌而没有成功。因而，单筒体塔这种结构形式用于电视塔就几乎成为定论。

　　为了做到与众不同，必需有所突破，而最大的突破，必然是结构体系上的突破。设计者做了多种结构形式的方案比较，包括框架、巨型空间框架、束筒、单筒加撑、三筒加撑，等等，并从力学理论上分析它们的利弊。单筒体具有许多优点，但它同时也有一个严重的缺点，它是典型的静定结构，这种结构没有多余的约束来避免结构因局部失效而成为几何可变体系。因而，它不利于抵抗风力或地震。阪神大地震时，大量散柱式高架桥的倒坍，就是明显的例证。另外，由于垂直交通（电梯等）的需要，单筒体塔的中央还必须有一个内筒，但它对结构抗力的贡献很小。

　　基于对现代力学的认识和对混凝土塔的重新思考，产生了今天的东方明珠塔结构——带斜撑的巨型空间框架。它是东方明珠塔许多创新中最大的技术创新,它优化了设计,不仅使塔具有鲜明的标志性,并且具有比单筒体更好的抗风抗震性能。我们不妨做最坏的估计,在罕遇地震作用下,某个构件,哪怕是最重要的筒体,局部压碎甚至失效,该塔仍将不致倒塌,因为塔的抗震体系,由三筒体三撑杆等多个分体系组成。事实上,设计者们在设计中有意识地控制在大震下截面出现全塑性的所谓塑性铰首先出现在框架横梁上,在构件的碎裂和变形增大的过程中吸收和消耗大量的地震能量,从而保住三组大筒体,达到"丢车保帅"的目的。由于横梁是水平构件,即使损坏,也易于修复。该结构带来的另一个好处,就是将垂直交通所需要的筒体和受力的筒体结合在一起了。

带斜撑的巨型空间框架对于东方明珠塔的标志作用是十分明显的,而对工程本身也做出了巨大的贡献。

(1)斜撑对增加塔的稳定、减小塔的内力与变形以及增大基础的刚度起到了很好的作用。百米长的斜撑和地面呈60°交角,和垂直筒体的中心轴线在93 m标高处交汇。第一,它保证了塔的稳定。斜撑在±0.000标高处落脚点立在100 m直径的圆周上;塔的总高度及主要塔楼高度和基底直径之比分别为4.6和3。无疑,塔具有很好的整体稳定性,给人以信心和信任感。第二,它使控制截面提高到93 m标高处,使高塔从结构的观点上降低了93 m,使控制截面的弯矩减小了40%,塔体侧向变形也大大减小。第三,由箱基、筒体和斜撑组成的三角锥基座,具有很大的刚度,使得高塔在上海的软土地基上可以采用浅桩、薄底板。金茂大厦为保证高楼不致倾侧,把$\Phi912 \times 20$ mm的钢管桩打入土中79 m,而东方明珠塔只打了423根500 mm×500 mm的混凝土桩,打入地下48 m。设计者充分认识到塔的中央部位荷载大,斜撑下面的部位荷载小,但静荷载分布是对称的。强大的基座,可以有效地调整中心和边缘的沉降差,因而可以允许塔体发生稍大但比较均匀的沉降。实测表明,从施工至±0.000标高开始,到塔建成后3年,基础中心点的沉降为9 cm,周边为6 cm,呈盆状变形,塔始终保持铅垂状态。另外,由于浅桩主要布置在箱基的环向和径向的隔膜下,最大限度地减小了底板的局部弯曲,因而底板厚度仅为1.5 m,比一般的高层建筑底板还薄。

(2)利用巨型空间框架,对塔的延性控制做了大胆尝试。巨型空间框架的垂直构件是三根筒柱,筒柱外径9 m,成品字形布置,净距7 m,壁厚自下而上逐段变化,分别为700 mm、500 mm和350 mm。设计者按照"强柱弱梁"的原则对筒柱的强度和刚度做了加强,控制筒体截面的轴压比不大于0.6,并按此要求,沿不同高度,分别采用了C60、C50和C40的混凝土。在混凝土浇筑时,一次泵送高度最高达350 m,创造了当时的世界之最。为保证在百年一遇的风荷载下不出现裂缝,设计者还对筒体施加了部分预应力,以便获得较好的耐久性。预应力筋是设计强度为 1 860 N/mm² 的 7Φ15 的钢绞线束。三个垂直筒体下部为 68 束,中途切去一半,变成 34 束,桅杆部分则为 52 束。其中最长的预应力束,长达 297 m,中间不设接头,创造了建筑施工的新记录。巨型空间框架共有 7 组横梁,2 组在下球以下,5 组在下球与上球之间,相互间距 22.5 m。每组为 3 根呈三角形布置的跨度为 7 m 的大梁。横梁的梁高为 6 m,相对于 9 m 直径的竖直筒体,在比例上是合适的,但相对于筒体壁厚显得太大。虽然在设计中已将横梁在平面上做成双 Y 形,与筒壁有较为和顺的连接,但仍有强梁弱柱之嫌。为使大震时塑性铰出现在梁上而不是筒体上,避免由于深梁的受力特性而出现脆性破坏,并考虑到塔的刚度仍偏大的情况($T_1 = 6.4$ s,基底剪力/塔重 = 2.1%),设计者对框架横梁做了弱化处理,在梁中设置水平中缝,将 6 m 高的梁做成两根 3 m 高的梁,但保护层混凝土及最外一圈钢箍仍正常通过,以使得在一般情况下按 6 m 高的梁受力,刚度好;而在大震下,梁的中缝有错动,按两个 3 m 高的梁起作用。设计意图是通过这种结构措施,降低横梁的高跨比,避免大震下发生深梁脆性破坏,同时改善梁端-筒壁节点区的受力状态和提高结构整体耗能能力。

(3) 在水平风荷载或地震作用下,越到底部,整体结构的弯矩也就越大。从第 1 章的力学知识可以知道,对结构来说,内力中弯矩起着重要的作用,而结构抗弯能力则主要由空间框架的筒柱力和力臂相乘的抗力矩来产生。由此可见,为了能产生较大的抗力矩,结构越到底部,筒柱力或力臂也应越大,因而从适应弯矩来说,空间框架筒柱截面或整体结构的投影截面应该上小下大。东方明珠塔的截面符合这个规律。

3.2　东方明珠塔结构的动力特性

如第 2 章所述,风荷载或地震作用是高耸结构的控制性外作用。为分析风荷载或地震作用的等效力以及由它们引起的结构响应,必须先求出结构的固有动力特性,包括:固有频率或固有周期、振型、阻尼比。这三个参数是结构抗风或抗震分析中最基本和最重要的资料。

3.2.1　固有频率或固有周期,振型

在进行结构分析时必须首先确定它的计算简图和计算模型。由于东方明珠

塔结构上三个球体的刚度比立柱的刚度要远大得多,因而可将它们作为刚体看待。这样一来,结构本身就变成了由众多立柱和横梁所组成。目前,最常用的结构动力特性分析方法有以下两种:

1. 有限单元法

将结构上的各构件都作为单元,例如可以将杆的受力特性用梁单元、两力杆单元模拟等,进行分析。有时为了提高精度,还可以将一个构件再分为两个单元、三个单元等。

按有限单元法计算时,每个节点就有 6 个自由度,如果有些构件再分几个节点,节点数就很大,整个结构就有几百上千个自由度,计算量很大,但能较好地反映结构的本质。有限单元法由于方法本身是以假设单元位移模式的方式进行计算的,因而计算结果中只有前一半较接近实际,例如按 1 千个自由度计算的结果,前五百个频率或周期较好,第 1 个固有频率最好,但随着频率序号的增大,效果将越来越差。而且从求出的频率和振型看出,它们包含了所有的各种类型的频率和振型,有以整体结构弯曲振动为主的频率和振型,这是东方明珠塔分析计算最需要的,有以整体结构扭转振动为主的频率和振型,也有以整体结构弯曲和扭转综合振动的频率和振型,后两者影响很小。

2. 团集质量法

将结构上所有质量团集在几个重要的点上,通常以将构件质量团集在它的两端最为常用,用有限自由度体系进行分析。

按团集质量法计算时,如果将质量团集在沿高度的有限个点上,结构变成了一个"糖葫芦串"的模型,结构的刚度可用等效的方法等效为各段的 EI 等,结构的自由度数就大大减少。虽然与有限单元法一样,第 1 个固有频率最好,随着频率序号的增大,效果将越来越差,但每个自由度都反映了整体结构弯曲振动的频率和振型,特别是对于高耸结构来说,第 1 个频率和振型起着主要的作用,一般考虑前几个频率和振型也就足够了。因而,按有限单元法或按团集质量法计算的结果差别是不大的。

由于工程的重要性,本例两种方案都采用。在采用计算机程序进行计算之前,作者运用结构振动力学的近似方法中精度较好又计算简便的能量法进行试算,仅用计算器,几个小时内就求得了第 1 阶固有频率或固有周期为,$f_1 = 0.143\ \text{Hz}$,$T_1 = 7\ \text{s}$。拿到了初期最需要的第一手资料,这对了解结构动力性能和验证计算机程序计算的结果有很好的作用,然后再在较长时间内准备计算机计算所需的数据,进行电算,获得所需的全部数据。近似方法中的能量法一般对第 1 阶或基本固有频率或固有周期有较高的精度,对于高阶的频率或周期,它的效果不能令人满意,一般较少采用。

3. 计算实例——以集团质量法为例

本例用有限单元法或团集质量法计算的结果相近。兹以团集质量法为例来说明。

结构原图如图 3-5 所示,团集质量后如图 3-6 所示。考虑结构的轴对称性,风对结构作用的最不利风向沿各个方向都是相同的。每个质点只有沿风方向振动的一种可能,因而只有一个自由度,整个结构只有 16 个自由度。应用计算机程序,将质点的几何坐标数据、质量数据、结构等效刚度数据等输入,计算得到 16 个固有频率(或周期)和振型。其中,前三阶固有频率(或周期)和振型如下面的列阵所示,或如图 3-7 所示。

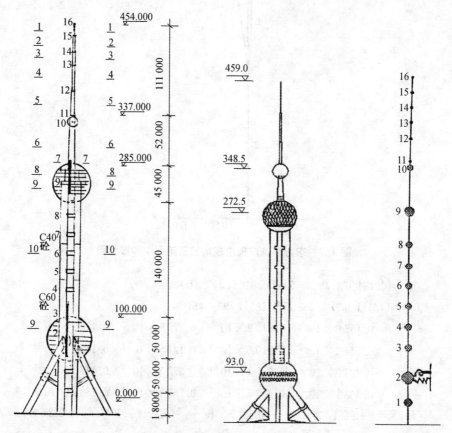

图 3-5　东方明珠广播电视塔结构图　　图 3-6　东方明珠广播电视塔结构质量团集图

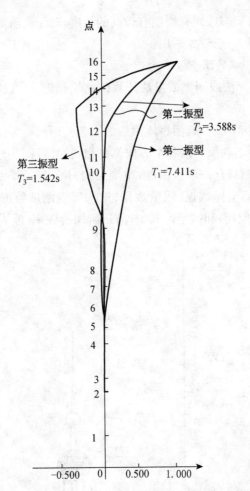

图 3-7　东方明珠广播电视塔前三阶周期和振型图

$\{f\} = \{0.134\,928,\ 0.278\,695,\ 0.648\,635\}$ （Hz）

$\{T\} = \{7.411\,360,\ 3.588\,152,\ 1.541\,699\}$ （s）

$\{\phi_1\}^T = \{0.102\,9 \times 10^{-4} \quad 0.819\,9 \times 10^{-3} \quad 0.178\,9 \times 10^{-2} \quad 0.420\,9 \times 10^{-2}$

$\qquad 0.644\,2 \times 10^{-2} \quad 0.910\,6 \times 10^{-2} \quad 0.121\,5 \times 10^{-1} \quad 0.155\,1 \times 10^{-1}$

$\qquad 0.223\,0 \times 10^{-1} \quad 0.357\,4 \times 10^{-1} \quad 0.373\,5 \times 10^{-1} \quad 0.447\,1 \times 10^{-1}$

$\qquad 0.563\,1 \times 10^{-1} \quad 0.655\,7 \times 10^{-1} \quad 0.768\,1 \times 10^{-1} \quad 0.883\,0 \times 10^{-1}\}$

$\{\phi_2\}^T = \{-0.281\,4 \times 10^{-4} \quad -0.531\,7 \times 10^{-3} \quad -0.104\,8 \times 10^{-2} \quad -0.222\,6 \times 10^{-2}$

$\qquad -0.319\,3 \times 10^{-2} \quad -0.402\,3 \times 10^{-2} \quad -0.516\,8 \times 10^{-2} \quad -0.599\,4 \times 10^{-2}$

$\qquad -0.697\,7 \times 10^{-2} \quad 0.167\,3 \times 10^{-2} \quad 0.430\,1 \times 10^{-2} \quad 0.283\,4 \times 10^{-1}$

$$0.116\,1 \qquad 0.213\,2 \qquad 0.349\,9 \qquad 0.499\,0\}$$

$$\{\phi_3\}^T = \{0.534\,2 \times 10^{-3} \qquad 0.360\,3 \times 10^{-2} \qquad 0.600\,0 \times 10^{-2} \qquad 0.103\,8 \times 10^{-1}$$

$$0.128\,9 \times 10^{-1} \qquad 0.142\,2 \times 10^{-1} \qquad 0.138\,4 \times 10^{-1} \qquad 0.113\,8 \times 10^{-1}$$

$$0.177\,7 \times 10^{-2} \qquad -0.530\,2 \times 10^{-1} \qquad -0.628\,3 \times 10^{-1} \qquad -0.105\,7$$

$$-0.108\,1 \qquad -0.327\,2 \times 10^{-1} \qquad 0.146\,4 \qquad 0.388\,1\}$$

在工程应用中,为了便于比较,振型系数在顶点的值常换算为 1。

特别提出,上述计算未考虑电梯井的加固作用。如考虑,刚度会提高,周期会降低。但对于风振计算而言,当结构的周期很大时,周期计算的一些变化对脉动增大系数影响一般不会很大,而且按偏大一点的周期进行计算是偏于安全的。因而,本例设计时仍以上值为依据。

3.2.2 阻尼比

阻尼比的取值直接影响到结构响应的大小,因而是结构设计极为重视的参数。东方明珠塔下部约 350 m 为钢筋混凝土结构,按规范,阻尼比应取 $\zeta_1 = 0.05$;而上部约 109 m 为钢结构,按规范,阻尼比应取 $\zeta_1 = 0.01$。因而,整体结构阻尼比应在 $0.01 \sim 0.05$ 之间。由于下部刚度远大于上部,整体结构阻尼比应比较接近下部结构阻尼比。

作者曾针对上下部分为不同材料的结构作了阻尼比的理论分析和试验比较。表 3-1 列出了上部为等截面钢结构、下部为变截面钢筋混凝土结构的整体结构在各种变截面情形下的换算阻尼比值,可供应用参考。其中,变截面部分的截面变化规律如下

$$l_x(z) = l_x(0) \left\{ 1 + \frac{z}{H_1} \left[\left(\frac{l_x(H_1)}{l_x(0)} \right)^{1/e} - 1 \right] \right\}^e \tag{3-1}$$

表 3-1 上部为等截面钢结构、下部为变截面钢筋混凝土结构的换算阻尼比 ζ_{1e}

$l_x(H_1)/l_x(0)$	0.05				0.100			
H_1/H \ e	1	2	5	10	1	2	5	10
0.5	0.016 4	0.030 5	0.037 6	0.039 2	0.029 3	0.038 1	0.041 5	0.042 3
0.6	0.019 7	0.035 8	0.041 8	0.041 3	0.034 9	0.042 3	0.044 8	0.045 4
0.7	0.025 2	0.041 2	0.045 4	0.046 3	0.040 9	0.045 9	0.047 4	0.047 7

(续表)

$l_x(H_1)/l_x(0)$	0.05				0.100			
e H_1/H	1	2	5	10	1	2	5	10
0.8	0.034 8	0.046 2	0.048 2	0.048 5	0.046 5	0.048 5	0.049 0	0.049 1
0.9	0.048 8	0.049 4	0.049 9	0.050 0	0.049 7	0.049 9	0.050 0	0.050 0

$l_x(H_1)/l_x(0)$	0.150				0.250			
e H_1/H	1	2	5	10	1	2	5	10
0.5	0.037 0	0.041 7	0.043 6	0.044 1	0.043 8	0.045 3	0.046 0	0.046 2
0.6	0.041 7	0.045 0	0.046 3	0.046 7	0.046 7	0.047 6	0.048 0	0.048 0
0.7	0.045 7	0.047 6	0.048 3	0.048 4	0.048 6	0.048 9	0.049 2	0.049 3
0.8	0.048 5	0.049 4	0.049 6	0.048 7	0.049 7	0.049 3	0.050 0	0.049 9
0.9	0.050 0	0.050 0	0.050 0	0.050 0	0.050 0	0.050 0	0.050 0	0.050 0

注：$e=1$ 为直线变化；$e>1$ 为内凹曲线变化。

根据上述分析和上表给出的数据，选取第 1 阶振型阻尼比为 $\zeta_1 = 0.045$。但为了比较，也针对不同阻尼比值进行了计算。

3.3　风和地震作用的分析比较

虽然可有很多作用使塔产生响应，但对东方明珠塔而言，影响最大的是风荷载和地震作用。

上海地区每年夏天都会受到热带风暴甚至台风的袭击，因而风荷载是十分重要的作用。根据历史记录，对上海地区影响最大的地震是附近东海的地震，其对上海影响的烈度未到 6 度，因而上海的设防烈度一般为 6 度，重大建筑物取 7 度。由于地震破坏的严重性和极重大工程的深远影响，目前设计烈度可取 8 度。

顺风向风荷载可由式(2-25)确定，第 j 振型第 i 质点的等效风振力或简称风振力为

$$F_{ji} = \xi_j u_j \phi_{ji} M_i w_0 \qquad (3-2)$$

除了顺风向风荷载必须考虑外,在某些条件下还可能发生横风向涡流脱落共振和空气动力失稳。

地震力或等效惯性力在水平方向可由式(2-12)确定,第 j 振型第 i 质点的水平地震力为

$$F_{ji} = \alpha_j \gamma_j \phi_j G_i \tag{3-3}$$

竖向地震力由于是沿上下方向作用于结构,一般比水平地震力影响小。

在风振力公式中,由于脉动影响和振型参与系数 u_j 的计算式(见式(2-27))中的分子与输入的风压脉动系数 μ_{fi} 、风载体型系数 μ_{si} 、风压高度变化系数 μ_{zi} 等有关,而分母则与质量 M_i 和振型 ϕ_{ji} 等有关,因而其综合效应与脉动增大系数 ξ_j 、基本风压 w_0 以及 μ_{fi} , μ_{si} , μ_{zi} 等,有密切关系,其中 ξ_j , w_0 最为重要。

在水平地震力公式中,水平地震影响系数 α_j ,重量 G_i 最为重要。

在顺风向风振力和水平地震力中,与结构动力特性最密切的是脉动增大系数 ξ_j 和水平地震影响系数 α_j 。从公式(2-26)的脉动增大系数 ξ_j 可以看出:随着结构自振周期的增大,脉动增大系数 ξ_j 也随着增大,钢结构可到 4 以上,钢筋混凝土结构也可到 2 以上。但从图 3-6 的水平地震影响系数 α_j 可以看出:随着结构自振周期的增大,水平地震影响系数 α_j 后段却很快减小,可减小到最大值的 20%。由此可知,结构自振周期越小,地震影响越占主导地位;而结构自振周期越大,则风振将起着很大的作用。东方明珠塔高近 500 m,第 1 阶自振周期高达 7 s,因而风的作用比地震作用影响更大。

在本例中,为了安全可靠,对风和地震的作用都进行了分析计算研究。

3.4　顺风向风荷载和结构响应计算分析

顺风向风荷载由式(2-25)确定,第 j 振型第 i 质点的等效风振力或简称风振力为

$$F_{ji} = \xi_j u_j \phi_{ji} M_i w_0 \tag{3-4}$$

为了求得第 j 振型第 i 质点的风振力,式中各系数所含的参数必须先予确定。兹分别讨论如下:

1. 基本风压 w_0

《建筑结构荷载规范》(GBJ 9—87)1987 版已将各地的基本风压 w_0 值列出。

上海市百年一遇的基本风压 w_0 值为 $0.55 \times 1.2 = 0.66 \text{ kN/m}^2$（GB 50009—2001，2012 版已改为 0.60 kN/m^2）。为了慎重起见，对附近较符合条件的多个气象站的记录资料进行了复核，基本符合要求。

2. 地面粗糙度指数 α

根据 1990 年东方明珠塔塔址附近的场地还比较空旷的情况，取 B 类地貌进行分析计算，所以取 $\alpha = 0.16$。这一参数确定后，风压高度变化系数 μ_z 即可由式 (2-19) 求得。

3. 风载体型系数 μ_s

该参数应由风洞试验确定。根据相关资料和规范类似体型的系数值，该参数的设计建议值如表 3-2 所示。

表 3-2　　　　　　　　　东方明珠塔风载体型系数 μ_s 设计值

天线		观光球	上球	下球	三圆柱	多柱段
圆	方					
0.7	1.2	0.8	0.9	0.8	1.0	0.9

表 3-2 列出的值与此后的研究结果一致，只不过上球的值改成了 0.85，但本例仍按原数据进行计算。

在得到所有必需的基本参数后，风荷载和结构响应值均通过计算机进行计算。一般工程界和科技界常用的结构分析软件有 SAP5，SAP84，ADINA，ANSYS 等，但它们只有在求出各振型对应的顺风向风荷载或作用力后才能开始计算，求出结构响应等所需的值。还有一种方法，将风荷载或作用力编成程序，求出各点作用力或荷载值后，将它们与上述软件连接起来，从而求出所有的响应等所需的值。在求出这些风致响应值以后，按规范，它们还应与其他外作用下产生的响应进行组合，得出最终的设计用的响应值，才可进行结构构件的设计计算，确定构件的截面尺寸和配筋等。

本例的计算结果表明，第 1 振型影响最大，第 2 振型影响次之，以下各振型影响更小。以塔顶水平位移为例，第 1 振型位移相对值为 1，则第 2 振型位移相对值为 0.286。在求出各振型位移后，塔顶水平位移总值应按"平方总和开方法"计算，即按式 (2-30) 计算，即：

$$R_i = \sqrt{R_{1i}^2 + R_{2i}^2 + \cdots + R_{ni}^2} \tag{3-5}$$

以仅取上述前两阶振型位移参与计算为例，塔顶水平位移总值为

$$\Delta=\sqrt{1^2+0.286^2}=\sqrt{1.081\ 796}=1.040\ 094\ 227$$

可以看出,即使第 2 振型位移相对值为 0.286,已达 28.6% 的水平,但经过平方总和开方后,其影响也只 4% 左右。可见,对高耸的塔结构而言,第 1 振型的影响占绝对优势。

如果只考虑第 1 振型的影响,则如 2.4 节所表明,在求出结构的第 1 振型后可直接由风振系数法即可求出结构的内力和位移等值。表 3-3、表 3-4、表 3-5 分别给出了东方明珠塔的顺风向风荷载、部分截面处的弯矩、部分高度处的水平位移。

表 3-3 东方明珠塔顺风向风荷载和风振系数 β_i

点	1	2	3	4	5	6	7	8
风荷载/kN	540.3	1 133.1	930.2	1 056.1	895.6	958.8	991.3	1 475.3
风振系数	1.011	1.093	1.074	1.164	1.206	1.291	1.335	1.386
点	9	10	11	12	13	14	15	16
风荷载/kN	4 122.5	699.5	275.3	312.1	134.3	74.4	64.2	23.5
风振系数	1.994	1.490	1.164	1.157	1.318	1.468	1.476	1.175

表 3-4 东方明珠塔部分截面处的弯矩 kN·m

截面	观光塔 (342 m)	上球顶 (290 m)	上球底 (267.5 m)	下球顶 (105 m)	下球底 (85 m)
弯矩	3.81×10^4	1.18×10^5	1.53×10^5	1.53×10^6	1.73×10^6

表 3-5 东方明珠塔部分高度处的水平位移 m

位置	顶点(459 m)	观光塔(342 m)	上球底(267.5 m)	下球底(85 m)
位移	3.01	1.09	0.67	0.03

在设计风压下,塔顶水平最大位移达到 3.01 m,与该处塔高 459 m 相比,还不到 0.66%,小于规范要求小于 1% 的规定,因而满足要求。

由于阻尼比取值对结构响应的影响很大,本例也给出了不同阻尼比值对风振力影响的数据,可供参考。

表 3-6   东方明珠塔不同阻尼比值对风振力的影响比值

组别	$\zeta_1 = 0.045$	$\zeta_1 = 0.035$	$\zeta_1 = 0.030$	$\zeta_1 = 0.025$
比值	1.000	1.102	1.175	1.287

可见,阻尼比取值对结构响应的影响是很大的。

3.5　横风向涡流脱落共振和空气动力失稳计算分析

跨临界范围内的横风向涡流脱落共振验算是一项十分必要和重要的验算工作,具体可按 2.4 节给出的公式进行验算,这里仅对验算结果进行简单扼要的介绍。

根据验算,在设计风压下,东方明珠塔处在跨临界范围内,但共振起点已近 300 m 高度,因而共振区范围仅在顶点以下 160 m 左右的小范围内,该范围结构宽度小,共振力不大,影响是不大的。表 3-17 是计算结果。可以看出,塔顶的横风向共振最大位移为 1.89 m,小于顺风向最大位移,所以位移响应仍由顺风向控制;但下球顶的横风向共振弯矩响应为 2.19×10^5 kN·m,却比顺风向弯矩响应 1.73×10^5 kN·m 大一些。但是根据规范,在组合各种外作用响应时,顺风向响应值要乘以组合系数 1.4,这样一来顺风向弯矩响应组合后为 2.422×10^5 kN·m。这样,按向量叠加,两者平方总和开方后,顺风向弯矩响应仍占主要地位。

表 3-7   横风向共振风力作用下的位移和弯矩

位置		顶点(459 m)	观光塔(342 m)	上球底(267 m)	下球底(85 m)
位移	第1振型	1.89	1.22	0.81	0.03
	第2振型	0.40	0.27	0.19	0.01
第1振型弯矩/(kN·m)					2.19×10^6

对于空气动力失稳验算,可按 2.4 节公式进行。由于上部圆截面不会发生空气动力失稳,方截面占的高度较小,因而重点验算三圆柱部分。经按 2.4 节公式进行计算,得到 10 m 高度处的临界风速为 $v_{0,cr} = 48.468$ m/s,远大于 10 m 高处基本风速 $v_0 = \sqrt{0.66 \times 1\,600} = 32.496$ m/s,因而东方明珠塔不会发生空气动

力失稳。

3.6 广州新电视塔简介

广州新电视塔,主塔高 450 m,天线高 168 m,总高达 618 m。广州 450 m 的新电视塔摩天轮是世界上最高的摩天轮,主要由观光球舱、轨道系统、登舱平台、控制系统等构成。与一般竖立的摩天轮不同,广州新电视塔摩天轮的 16 个"水晶"观光球舱,不是悬挂在轨道上,而是沿着倾斜的轨道运转。游客的登舱平台将分设上、下客区,边缘将设置可随球舱移动的 1.2 m 高安全移门,以确保游客游览的有序和安全。观光球舱围绕天线"公转"一周为 20～40 min,游客能够从各个角度观赏广州市容。

图 3-8～图 3-10 是广州新电视塔的各种效果图。

图 3-8 从远处眺望广州新电视塔

按设计要求,广州新电视塔应可抗 12 级台风,8 度地震。由于塔高达 618 m,位居世界前列,抗风将是主要的。由于风引起的基底内力很大,而塔基却不像高层建筑基底那样很大,而是局限在较小面积上,且基础钢筋密密麻麻;再者,据近年气象台记录,广州地区风力略有减小,因而经多次风工程专家和规范制订者审核,最后决定将广州市 100 年一遇的基本风压减小 0.05 kN/m²,

为0.55 kN/m²。

图 3-9　广州新电视塔与周围环境

经过结构计算分析,广州新电视塔的前三阶自振周期和频率为:

$$T_1 = 8.985 \text{ s}, \qquad f_1 = 0.111 \text{ Hz}$$
$$T_2 = 6.220 \text{ s}, \qquad f_2 = 0.161 \text{ Hz}$$
$$T_3 = 2.868 \text{ s}, \qquad f_3 = 0.349 \text{ Hz}$$

对应的振型为弯曲型。

可以看出,由于广州新电视塔的塔高比上海东方明珠塔高出约 150 m,因而第 1 阶自振周期要比上海东方明珠广播电视塔高出约 2 s,这是符合一般规律的。

按与上海东方明珠广播电视塔相同的分析方法,并经两个计算软件的相互校验,符合很好,可求出各类所需的响应。

图 3-10　灯光下的广州新电视塔

第4章
工程实例介绍

土木工程中有很多类型的重大工程。第1章介绍了5种应用最多的工程和建筑：房屋建筑、桥梁建筑、地下建筑、道交工程、抗爆工程。在每一类别中，都有很多重大工程。

本章以房屋建筑和桥梁建筑为主体，挑选了有影响的重大工程作为实例，即北京"鸟巢"工程、上海体育场工程、上海中心大厦工程、上海环球金融中心工程、上海南浦大桥工程等。在这些工程中，大部分是作者参加项目研究的，或参加项目评审的，因而也较为熟悉，介绍起来也可更具体些。实际上，力学不但在土木工程中应用很多，在航空航天工程、机械工程、水利工程、生物工程等领域都有较广泛的应用，其中力学原理甚至处理分析方法都是相同的。所以，力学不但是土木工程的核心，是土木工程的"心脏"，也可以说，力学是工程的核心和"心脏"。掌握了力学，特别是与工程关系密切的工程力学，实际上已掌握了工程的核心。

通过这些工程实例，可以了解到，只要掌握了土木工程的基本结构，掌握了力学特别是工程力学的原理和分析方法，工程中占核心部分的设计计算已经心中有数，由基本结构组合起来的各种重大工程的分析计算已有了坚实的基础。当然，计算机和试验技术是现代力学必不可少的，它们也是工程力学不可缺少的内容和工具。为了介绍工程中的某些技术，在某些重大工程的介绍中也插入对这些知识的介绍。

4.1 北京国家体育场——"鸟巢"工程

国家体育场位于北京奥林匹克公园中心区南部，为2008年第29届世界奥林匹克运动会的主体育场。工程总占地面积21公顷，建筑面积258 000 m²。场内观众坐席约为 91 000 个,其中固定坐席约 80 000 个,临时坐席约 11 000 个。建筑高度 69 m,结构类型:主体钢结构。工程造价为 31 亿元人民币。

国家体育场面向全球公开征集规划设计方案。共收到 89 个规划设计方案。2002 年 10 月举行国家体育场建筑概念设计方案国际竞赛,有 5 个国家体育场项目合格方案进入招标第二阶段。经过一周的评审委员会评审,"鸟巢"方案压倒性胜出。2003 年 12 月 24 日北京 2008 年奥运会国家体育场各项开工准备工作就绪,举行了开工奠基仪式。在 2004 年 7 月 30 日因奥运场馆的安全性、经济性问题成为焦点,"鸟巢"全面停工。经讨论,决定取消"鸟巢"的可开启屋顶,方案调整,风格不变。设计优化调整工作于 2004 年 11 月下旬完成,2004 年 12 月"鸟巢"复工,竣工时间为 2008 年 6 月 28 日。

图 4-1～图 4-6 为"鸟巢"工程的图片。

图 4-1　北京国家体育场工程——"鸟巢"工程

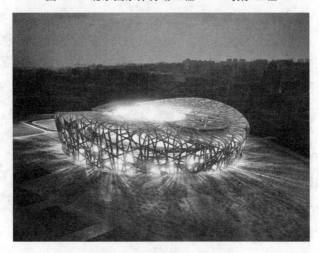

图 4-2　"鸟巢"工程外观图

图 4-3 "鸟巢"工程外观图

图 4-4 "鸟巢"工程内部图景

图 4-5 "鸟巢"工程俯视图

(a)

(b)

图4-6 "鸟巢"工程结构示意图

　　在设计理念上,"鸟巢"工程坐落于奥林匹克公园建筑群的中央位置,地势略微隆起。它如同巨大的容器。高低起伏波动的基座缓和了容器的体量,而且给了它戏剧化的弧形外观。体育场的外观就是纯粹的结构,立面与结构是统一的。各个结构元素之间相互支撑,汇聚成网格状——如同由树枝编织成的鸟巢。在满足奥运会体育场所有的功能和技术要求的同时,设计上并没有被那些类同的过于强调建筑技术化的大跨度结构和数码屏幕所主宰。体育场的空间效果既新颖,又简洁古朴,成为北京的地标性建筑。

在基座处理上,基座与体育场的几何体合二为一,如同树根与树。行人走在平缓的格网状石板步道上,步道延续了体育场的结构肌理。步道之间的空间为体育场来宾提供了服务设施:下沉的花园,石材铺装的广场,竹林,矿质般的山地景观,以及通向基座内部的开口。从城市的地面上缓缓隆起,几乎在不易察觉中形成了体育场的基座。体育场的入口处地面略微升高,因此,可以浏览到整个奥林匹克公园建筑群的全景。

为了使屋顶防水,体育场结构间的空隙被透光的膜填充。由于所有的设施——餐厅、客房、商店和卫生间等都是独自控制的单元,因而建筑外立面的整体封闭是非常不必要的。体育场采用自然通风,这是体育场环保设计的最重要的一个方面。

在看台设计上,体育场被设计成为巨大的碗状容器,无论远眺还是近观,都给人留下与众不同的、不可磨灭的印象。体育场的外观就是纯粹的结构,立面与结构是同一的;各个结构元素之间相互支撑,汇聚成网格状,就像编织一样,将建筑物的立面,楼梯,碗状看台和屋顶融合为一个整体。如同鸟儿会在它们用树枝编织的鸟巢中间加一些软充填物一样,体育场内部,这种均匀的碗状结构形体能调动观众的兴奋情绪,坐席的干扰被控制到最小;声学吊顶将结构遮掩,使观众和场地上的活动成为注意焦点。在此,人群形成了建筑。

在工程建设上,构件的翻身、吊装难度大,特别是高空构件的稳定和焊接更成为挑战性问题。本工程中既有薄板焊接,又有厚板焊接,既有平焊、立焊,又有仰焊,既有高强钢的焊接,又有铸钢件的焊接,焊接工作量大。薄板焊接变形大,厚板焊接熔敷量大,温度控制和劳动强度要求高。而高空焊接、冬雨季焊接的防风雨防低温控制措施更使得焊接难度增大。

"鸟巢"工程的结构力学分析

"鸟巢"工程主体结构的设计使用年限为 100 年,工程主体建筑呈空间马鞍椭圆形,南北长 333 m、东西宽 294 m 的,最大高度约 69 m。按原设计方案,主体结构由钢筋混凝土看台与带有可开合屋盖的大跨度钢屋盖两部分构成。屋盖的主结构由 48 榀桁架与中间环梁构成,支承在周边 24 根组合柱之上。采用这种桁架结构,在力学上有突出的优点。屋盖的顶面呈鞍形,最高点高度为 68.5 m,最低点高度为 42.8 m。主桁架围绕屋盖中部的环梁呈放射形布置,与屋面及立面的次结构一起形成了"鸟巢"的特殊建筑造型。主场看台部分采用钢筋混凝土框架-剪力墙结构体系,分为地下 1 层和地上 7 层,与大跨度钢结构完全脱开。混凝土看台则分为上、中、下三层。钢结构与混凝土看台上部也完全脱开,互不相连,形式上呈相互围合,基础则坐在一个相连的基础底板上。屋顶钢结构上覆盖了双层膜结构,即固定于钢结构上弦之间透明的上层 ETFE 膜和固定于钢结构下弦之下及内环侧壁的半透明的下层 PTFE 声学吊顶。

这种大跨结构与高层建筑或高耸结构的高度相比要小得多,相对来说风力也要小;北京的抗震设防烈度为 8 度,设计烈度还可根据建筑物的重要性而有所提高。因此,"鸟巢"工程的抗震设计将成为主要问题。

与所有动力问题一样,结构自振特性的计算是首先和必不可少的。通过结构分析程序,可求出所有的频率(或周期)和振型。

在初步设计阶段,设计人员详细研究了各种结构分析软件的功能及优缺点,通过比较,最终决定采用 ANSYS 软件。ANSYS 有丰富的单元库,土木工程中常用的梁板壳都有成熟的单元可以选取。ANSYS 还是个开放的有限元平台,提供了 APDL、UIDL 等开发工具,可以让用户自己开发专业模块。计算对比则采用 SAP2000 软件。对于本工程,整体模型中所有构件都采用 ANSYS 中 BEAM4 单元;曲梁和弧梁用多段直线梁单元模拟。

整体模型分析共计算了 120 个振型,表 4-1 为与前 30 阶振型对应的频率和周期。

表 4-1　　　　　　　　"鸟巢"工程的前 30 阶自振频率和周期

序号	频率/Hz	周期/s	序号	频率/Hz	周期/s
1	0.741 0	1.349 5	16	1.287 6	0.776 6
2	0.741 9	1.349 2	17	1.388 6	0.720 2
3	0.748 2	1.336 6	18	1.389 3	0.719 8
4	0.749 5	1.334 3	19	1.513 7	0.660 6
5	0.778 0	1.285 4	20	1.515 1	0.660 0
6	0.884 0	1.131 2	21	1.543 5	0.647 9
7	0.886 7	1.127 8	22	1.554 3	0.643 4
8	0.941 0	1.062 7	23	1.602 4	0.624 1
9	0.943 8	1.059 6	24	1.602 7	0.624 0
10	0.978 1	1.022 4	25	1.614 4	0.619 4
11	0.988 4	1.011 7	26	1.774 8	0.563 4
12	1.060 3	0.943 1	27	1.778 0	0.562 4
13	1.060 6	0.942 0	28	1.807 0	0.553 4
14	1.185 3	0.843 7	29	1.815 5	0.550 8
15	1.286 9	0.777 1	30	1.816 2	0.550 6

结构的抗震设防烈度为 8 度,设计地震分组为第一组,工程场地为 III 类。地震力分析采用振型分解反应谱法,可运用 2.3 节的相关公式进行计算。

地震作用效应采用完全二次型组合法(CQC 法),利用计算机程序进行计算。可求出所有的响应,包括位移和内力等。

由于每一节点有 6 个方向的位移,因而可有 6 个方向的地震力,但一般地说 3 个线位移方向的地震力是主要的。由于屋盖结构与高层建筑和高耸结构不同,表现出高度变化不大的平坦式外形,因而竖向地震力将起更大的作用。

4.2　上海体育场和弹性模型风洞试验

上海体育场是 1997 年中国第八届全国运动会的主会场,耗资十余亿元,历经 3 年,汲取了当时世界上诸多先进建筑成就,造型新颖,反映出强烈的时代气息,是当时国内现代化程度高、规模大、具有国际标准的综合性体育场,可容纳8万名观众。体育场坐落于上海市徐汇区,西面与原有的上海体育馆、游泳馆和奥林匹克俱乐部相连,整个基地组合形成上海体育中心和上海的标志性建筑之一。

上海体育场占地面积 19 万 m^2,建筑面积 17 万 m^2,配套绿化面积 7.7 万 m^2。体育场建筑体形为直径 273 m 的圆形平面,设有一片符合国际标准的草地足球场,环球场四周设 400 m 跑道,整个比赛场地边缘设置一道宽 3 m 的通行地沟,使赛场与观众席隔离。建筑外型采用具有国际先进水平的马鞍型、大悬挑钢管空间屋盖结构,覆以赛福龙涂面玻璃纤维成型膜。屋面层为 57 个伞状拉索结构,上面覆盖高技术材料(SHEERFILL)膜层。屋面的平面投影呈椭圆型,东西宽 288.4 m,南北长 274.4 m,中间开有东西宽 150 m、南北长 213 m 的椭圆孔。屋盖檐口高度为西部 62.5 m,东部 41.2 m,南北部 31.8 m;屋盖悬挑长度为西部 73.5 m,东部 46 m,南北部 22.9 m。屋盖水平投影面积 37 000 m^2,超过 1996 年美国亚特兰大奥运会的 GEORGIA DOME 膜结构(长轴 230 m,短轴 183 m,水平投影面积 33 000 m^2)。屋盖最大悬挑长度 73.5 m,也超过了意大利罗马 Olympic Stadium 膜结构(悬挑长度 63 m 左右),成为世界之最。场内既设有符合国际标准的、四季常绿的足球场和塑胶田径比赛场地,又配置了多功能草坪保护板供举办不同规模的大型文艺演出和商业推广活动使用。

体育场中央是一个 105 m×68 m、南北向的标准足球场,铺设从美国引进优良品种的四季常绿草坪;围绕球场的是意大利蒙多公司制造的具有 9 条跑道的塑胶跑道;场地上配备各种大型体育比赛所用的门类齐全的运动器材。在三层环形看台之间,设置了103套豪华包厢,包厢的正立面为落地玻璃,门外有20座专席。

整个观众席的设计,根据观众最佳视觉质量图形分析,采用东西看台观众多,南北看台观众少的方式安排,形成不对称的平面及剖面。西看台为三层看台共83排,东看台为双层看台共63排,南北各为33排的双层看台。整个看台形成西高东低,南北两面更低的高低落差悬殊的马鞍形建筑外观,屋顶用半透明的白色"膜"(聚四氟乙烯)新型建筑材料,覆盖整个看台,可起遮阳、挡雨、抗风作用,充分显示大型体育场建筑的独特艺术形象。主席台可容纳600个座,位于西看台二层前排正中处。西看台对准100 m跑道终点处设裁判席,其左侧设300个座位的记者席。在南看台顶部设有一座35 m×12 m的大型彩色电子显示屏幕,供比赛时记时记分显示图像用。

设计者在充分利用看台下的有效空间、提高多功能综合利用等方面进行精心设计。例如,利用西看台端部蕴藏了一栋九层高的星级旅馆,在看台顶层设有空中咖啡厅,可以俯视球场全景,此外还有24间客房,也可在客房内直接俯视比赛场景,这是在大型体育场设计中的首次尝试。

在东看台下部空间,建造了一座水上娱乐城,有宽敞的沙滩游泳场、冲浪漂流池以及水上剧场,可举行海豚表演、水上音乐会等娱乐活动,整个水面达8 000 m² 左右,此外还配备各种健身、娱乐、休闲的设施,向公众开放。在南、北看台的底层还有展览厅、商场、会议新闻中心等多功能设施。整个体育场建筑面积达17万 m²。

图4-7~图4-10是上海体育场若干图片。

图4-7 上海体育场建成后的外貌(远眺)

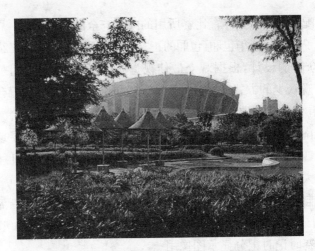

图 4-8　上海体育场建成后的外貌(侧影)

图 4-9　上海体育场建成后的外貌(鸟瞰)

4.2.1　结构力学分析

上海体育场周边接近圆形,最大直径 270 m,挑蓬体系呈扁平马鞍形,周边 32 根混凝土柱与看台浇筑在一起,并撑起 32 榀钢结构桁架,挑向体育场中心,主钢桁架间有桁架圈梁相连,使整个挑蓬呈空间钢结构体系。采用桁架结构在力学上优点突出。挑蓬上有 57 个膜结构尖顶,如图 4-10 所示。柱最高为 52.43 m,最低为 26.93 m;主梁跨度最长为 78.67 m,最短为 25.00 m。

这种大跨结构与高层建筑和高耸结构的几百米高度相比要小得多,风力相应也小,但上海地区基本风压 $w_0 = 0.55$ kN/m²,大于北京地区基本风压(0.45 kN/m²),上海地区的抗震设防烈度要小于北京地区。因而,上海体育场工程的抗风设计将成为主要问题,但地震作用的影响也需验算。

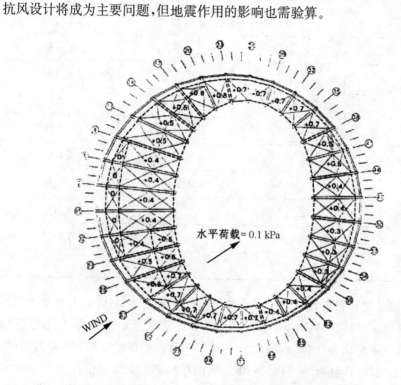

水平荷载 = 0.1 kPa

图 4-10　上海八万人体育场俯视简图

和处理所有工程问题一样,将结构分为主结构和次结构。主结构是主要承力结构,缺少它将引起局部毁坏甚至整个结构倒塌破坏;次结构则主要起传力到主结构的作用,缺少它可能会引起局部破坏,但不会产生大范围结构破坏或整体结构倒塌破坏。在分析计算时,可将它们简化,一般可将它们的质量等效集中到主结构上,外作用力也如此处理。

和分析所有动力问题一样,结构自振特性分析是首选的和必不可少的。利用结构分析软件即可求出结构的自振频率(周期)和振型。由于对称结构具有对称轴,计算时可利用这一特点予以简化。这样,钢桁架有 520 个单元,钢筋混凝土柱有 83 个单元,总自由度达几千个。

根据计算结果,结构的前 10 阶自振频率和周期以及振型特征,如表 4-2 所示。

表 4-2　　　　　　　　上海体育场结构前 10 阶频率、周期及振型特征

振型序号	频率/Hz	周期/s	振型特征
1	1.373 2	0.728 2	反对称
2	1.511 9	0.661 4	正对称
3	1.683 2	0.594 1	正对称
4	1.738 5	0.575 2	正对称
5	1.789 6	0.558 8	反对称
6	1.940 6	0.515 3	反对称
7	1.999 6	0.500 1	反对称
8	2.248 2	0.444 8	正对称
9	2.397 5	0.417 1	正对称
10	2.506 3	0.399 0	反对称

　　阻尼比是结构自振特性之一。在该结构的主要受力结构中,大部分为钢屋架,按国家规范,取阻尼比为 0.01;小部分为钢屋架支点的钢筋混凝土柱,按国家规范,可取阻尼比为 0.05,现取 0.015,这与弹性模型试验值 0.016 较为接近。

　　根据结构风致响应计算的结果,该结构的顺风向最大梁端位移为 0.176 m,最大弦杆应力为 87.319 MPa,符合规范要求;横风向共振临界风速为 183.1 m/s,远大于实际可能达到的风速,因而不可能发生横风向共振;空气动力失稳经验算也是安全的。这些结果与弹性模型试验结果基本一致。

4.2.2　弹性模型设计、制作和风洞试验

　　弹性模型风洞试验与刚性模型风洞试验效果完全不同。刚性模型风洞试验由于模型是刚性的,在外力作用下不产生变形,因而只能测出在风力作用下模型表面风压的分布。这对结构风工程中所需的风荷载体型系数是十分合适的,但对于风力作用下结构的各种响应则无法解决,因而由计算得到的风力作用下结构的各种响应是否合理则无法用刚性模型风洞试验结果比较对照。弹性模型风洞试验与刚性模型风洞试验完全不同,由于模型是弹性的,参数根据真实结构按相似理论取值,所以测试出来的数据可以按比例反映真实结构的相应值,可以用来检验结构响应计算的正确性。虽然弹性模型风洞试验与刚性模型风洞试验相

比既费时又费钱,但由于它能检验计算结果的正确性和可靠性,对一些重大工程,尤其是实践经验还不丰富的工程,常采用弹性模型风洞试验来验证,保证工程安全可靠。上海体育场除了采用刚性模型风洞试验取得有关数据外,还采用了弹性模型风洞试验方案,保证万无一失。

4.2.2.1 模型设计与制作

上海体育场结构很复杂,特别是屋盖空间钢桁架系统,由大量杆件和多达51种钢管焊接而成,给弹性模型的设计和制作带来很大的困难。为了较好地解决模型与原型结构之间相似性的矛盾,使其能较好地保证气动弹性模型必需遵守的相似准则,在该模型的设计中经过认真研讨,考虑到实际风洞情况,也参考国内外多个模型的设计经验,最终确定模型与原型之间的长度尺寸比(即缩尺比)为 $\frac{1}{150}$。

1. 模型设计

在模型设计时,针对原型结构的不同部位和实际情况,对整个模型选用了4种材料,如表4-3所示。

表 4-3 模型选材

结构部位	原型结构材料	模型材料
屋盖体系	钢管	不锈钢管
立柱	钢筋混凝土	铝合金
基础、看台、围墙	钢筋混凝土等	硬质木料
伞面材料		尼龙绸

屋盖系统在风载下是变形最大的部位,因而是风洞试验所关心的主要部分。设计时,考虑到屋盖体系的钢管经150倍的缩尺比后由于管子壁厚太薄而引起加工的可行性,将51种截面的管材分类,用10种不锈钢管代替,直径为4 mm左右,选取原则按杆件的抗拉刚度 EA 进行。由于模型和实际结构的弹性模量相同($E_m = E_p$),故实际上是按杆件的截面积 A 选材,这样就兼顾了屋盖体系刚度和质量缩比的要求。除屋盖体系外,体育场的立柱(含看台、围墙)的刚度和质量都很大,理论分析结果表明,其在风载下的线位移是很小的。为计及看台结构的影响,对立柱的刚度作了加强,设计过程分为三步:

(1)小范围局部探索性设计。

（2）大范围全面设计。

（3）全模地面振动试验校验。

在小范围局部探索性设计研究中，检验单立柱、单挑桁架、相邻挑臂桁架之间联结、相邻立柱之间联结的设计方法的可靠性，检验加工工艺过程的可靠性，焊点附加影响等，找出挑臂与立柱、立柱与基础等较为合理的固定连接方式。在此基础上进行模型的全面设计。之后，将整体模型进行地面振动试验，检验设计结果并对模型进行必要调整。

上海体育场气动弹性模型设计的相似参数如表 4-4 所示。

表 4-4　　　　　　　　　　上海体育场模型设计相似参数

相 似 参 数	模型与原型比值	相 似 参 数	模型与原型比值
尺　度	1∶150	位　移	1∶150
速　度	1∶2	频　率	1∶75
质　量	1∶3 375 000	弯曲刚度	1∶2 025 000 000
应　力	1∶4	拉伸刚度	1∶90 000
对数衰减率	1∶1	空气密度	1∶1

2. 模型制作

模型制作的流程如图 4-11 所示。

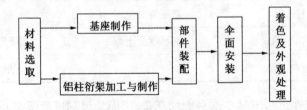

图 4-11　模型制作流程图

为配合模型设计，模型制作人员与设计人员一起，针对该结构种类多、几何缩比大等问题，共同讨论，经过反复筛选，多次与我国微型钢管主要生产厂家联系，克服了极大困难，最终确定了上述 10 种型号的微型不锈钢管作为模型屋盖受力体系的制作材料，克服了模型制作的第一道难关。

由于模型屋盖桁架体系与原型结构的形式相同，杆件多，空间结点又极不规则，每根立柱上的两榀桁架杆件总数较多，因而桁架的准确定位是模型制作成败的关键。模型加工人员凭着丰富的制作经验，使这一难题得到了较好的解决。

桁架节点的联结采用焊接方法,不锈钢管的焊接一直是加工工艺中的难点。模型制作人员根据以往航空模型制作的经验,对该模型的制作进行了多次试验,较好地解决了不锈钢管之间的焊接问题,使桁架加工能够顺利进行。

屋盖体系顶部50多顶伞面的定位与安装,直接关系到模型的气动外型和整体成型。模型制作人员想了不少办法,用微细铜管加网状铁丝固定到桁架上,使伞状结构准确定位并使伞面材料拉紧,从而保证不被风掀开。伞面材料采用尼龙绸,绸面上涂薄膜状油漆。

模型基座全部选用优质木材,保证有足够的刚度;体育场立柱用铝合金加工成金属件模拟,铝柱底部通过环氧树脂固持到基座上;同时,用木质材料模拟加工成实际的看台外形,以保证流畅的视觉。

4.2.2.2 模型地面振动试验

当模型设计完成后,先进行了振动试验,测量模型的前三阶固有频率、振型和阻尼比,以检验模型设计结果是否满足给定要求。

1. 试验仪器设备与流程图

图4-12是振动试验系统原理图,采用的仪器设备是:国产86026压力传感器;B&K4374型加速度传感器,其质量为0.65 g;B&K2635型电荷放大器两台;美国DYTRAN VT-100型激振器和TECRON 5515型功率放大器;美国PCB力锤激振系统;国产PCB力锤激振系统;HP 35 HP9122磁盘驱动器和HP7475A绘图仪;HP320计算机及SMS模态分析软件MODEL 3.0SE。

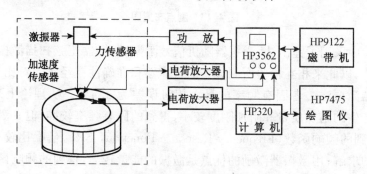

图4-12 振动试验系统原理流程图

2. 试验方法与过程简介

试验采用的是单输入/单输出频域参数识别方法,获得模型的模态参数。具体过程是:首先对模型进行激振、测量与信号分析,得到各测量点对固定激振点的频响函数;再对频响函数进行曲线拟合及模态计算,得到模型的固有模态参数

（固有频率、固有振型、阻尼比）。

按图 4-13 布置激振点和测量点，激振点在第 83 榀挑臂的前端，测量点共 32 个，均分布在模型屋盖各挑臂前端。激振点通过多处试验比较后确定，在该点激振，能较好地激出前三阶模态，测出的频响函数质量较好。

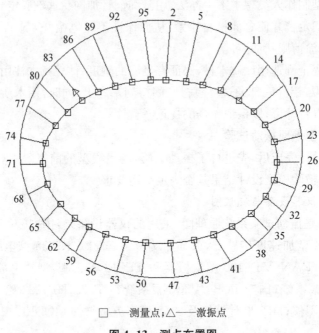

□——测量点；△——激振点

图 4-13　测点布置图

试验中采用了锤击法、激振器随机信号激振、激振器正弦扫描激振等多种激振方式，以此来相互检验所测数据的可靠性和准确性。经实验对比，锤击法与激振器激振法二者固有频率的最大相对误差为 3.4%。从理论上来讲，锤击法所产生的附加质量和附加刚度较小，得到的固有频率较准，但其激励能量较小，得到的频响函数（Frequency Response Function，FRF）信噪比较小，不利于振型的求解；用激振器激励的优点是激振的能量较大，得到的频响函数质量较高，但其附加影响要大一些，对固有频率的测量略有影响。最终确定，固有频率以锤击法所测的结果为准，固有振型以激振器快速正弦扫描激振所测的结果为准。

试验采用固定激振点，改变测量点的跑点方法，测得各测量点对固定激振点的频响函数。为保证测试精度，各频响函数均做 10 次以上平均。各测点频响函数测试过程如下：用激振器快速正弦激振，力传感器感受力信号，该信号经放大器放大后进入 HP3562 的 1 通道；加速度传感器测量加速度响应，该信号经放大器放大后进入 HP3562 的 2 通道；再由 HP3562 采集与分析，得到该测量点对固定激振点的频响函数，存入计算机磁盘，供模态参数识别软件调用。

模态参数识别在 HP320 计算机上进行，使用 MODEL3.0SE 模态分析软件，该软件采用正交多项式作曲线拟合，计算出各阶模态参数。

3. 测试数据结果

上海体育场弹性模型固有频率、振型状况及阻尼比如表 4-5 所示。

表 4-5　　　　　固有频率测试结果、振型状态和阻尼比结果

序 号	频 率		振 型		阻 尼 比
	设计值	测试值	设计值	测试值	
第 1 阶	101.23	96.5	反对称	反对称	1.59%
第 2 阶	120.41	111.0	正对称	正对称	1.96%
第 3 阶	128.97	127.0	反对称	反对称	3.39%

模型前三阶实测频率值与设计值的误差分别为 6.4%，2.2% 和 1%，各阶振型也基本相符，说明从固有频率和振型的测试结果来看，模型设计达到了要求。

4.2.2.3　风洞流场模拟与模型风洞试验

1. NH-2 低速风洞简介

NH-2 低速风洞为串置双试验段闭口单回流式风洞，它有大、小两个试验段。在试验中，上海体育场的模型被安装在小试验段。小试验段的截面为矩形带小切角，高 2.5 m，宽 3 m，长 6 m，空风洞最大风速可达 95 m/s；大试验段长 7 m，宽 5.1 m，高 4.25 m，大小试验段之间的收缩段长 5 m。试验段经改造后，整个长度达 18 m，足以在此基础上进行大气边界层流场模拟工作。

2. 大气边界层流场模拟与试验工况

为适应模拟大气边界层流场需要，在试验之前对 NH-2 风洞的试验段进行了改造，即把小试验段底壁向前延伸至大试验段入口处，并在该处设置扰流尖塔及不等距格栅等被动扰流装置，且在底壁上均布 500 多块粗糙元用以模拟地面粗糙度。通过试验实测，不断调整扰流装置，直到试验流场的平均风速剖面、湍流强度剖面与规范规定的试验要求相符为止，最后使流场完全适合于气动弹性模型进行风振试验的要求。

试验模型的几何缩比比例确定为 1∶150，速度缩比确定为 1∶2，流场实测

结果平均风速剖面的规范值与实测质基本相符。试验可以开始进行。

图 4-14 为模型风洞试验时风向角的示意图,这里定义原型建筑在受到西面吹来风时的风向角为 $\beta = 0°$,按逆时针计,依次受到南面吹来风时定义为 $\beta = 90°$,东面吹来风时定义为 $\beta = 180°$,等等。试验先后进行了两次,第一次为 6 个试验风向角,模型按顺时针旋转(相当于风向按逆时针变化),依次试验 $\beta = 0°$,45°,90°,135°,150°,180°,测试点中,4 个用"□"表示;第二次仍是 6 个试验风向角,模型仍按顺时针方向旋转,依次测试了风向角 $\beta = 180°$,210°,225°,270°,315°,0°(360°),测试点用 5 个"○"表示。试验结果与分析在后面给出。

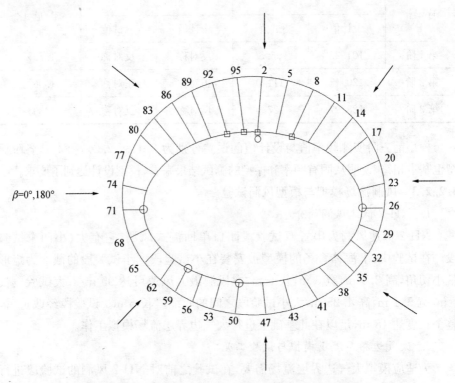

图 4-14 模型试验风向角 β 示意图及位移测点布置图

为确保试验模型的安全,研究在不同试验风向角下模型动态特性随风速的变化状况,在试验过程中 $z = 2.2$ m,高度处的风速参考风速 $V_{m\infty}$,依次控制模型试验风速为 $V_{m\infty} = 20$,22,24,26,28,30,32,34(m/s),共 8 档风速。此时,模型屋顶高度 $Z = 0.4$ m 处的对应风速分别为 14.2,15.6,17.3,18.5,

19.9，21.3，22.8，24.2（m/s）。试验中设备运转正常。

3. 试验过程简介

试验前调试校准各仪器，标定出传感器和应变仪的灵敏度系数，以及 SA-16U 放大器和磁带机的输入输出比值。

当风洞在一定风速稳定后，起动磁带机，记录各路位移与应变信号，同时用 HP3562 实时观察各路信号，以保证信号正确可靠。每个状态各个风速下记录的时间分别为 2 min 左右。一个状态记录完毕之后，将所记录的各路信号回放观察，确定无误后开始进行下一个状态的试验，直至全部状态试验完毕。

在用磁带机回放各路信号时，用 HP3562 动态信号分析仪求各个信号的最大值。HP3562 的参数设置为：分析频率 0～1 kHz，采样时间 8 s，采样点数 20 480。为提高测量精度，进行了 3 次计算，信号最大值取 3 次结果的平均值。再根据位移传感器和应变仪的灵敏度系数以及放大器和磁带机的量程，计算出模型的最大位移和最大应力。

4. 模型田径场的流场试验概况

田径场的流场试验表明，在各个试验风向角与风速下，由场中固定丝绒线飘动状况可见，整个田径场在大风中存在紊动的涡流，只不过紊动强度随风向角的变化略有差异而已。

4.2.2.4 风洞试验结果及分析

1. 位移和应力结果及比较分析

位移响应理论分析结果与试验值符合较好，而应力略差，这是可以预见的。

以位移最大值来看，计算最大值为 0.176 m，（由于试验的风向间隔取值较大的缘故，实际值可能更大些），而试验值在 0.162～0.172 m 之间，符合较好。

对于应力，计算最大值为 8.732×10^4 kN/m²，（同理，由于试验风向间隔取值较大的缘故，实际值可能更大些），而试验值为 1.193×10^5 kN/m²，误差为 26.8%，较大。但这一误差仍在理论分析与试验研究的比较中应力误差的常见范围内。该误差与模型、测试精度等有一定的关系。

2. 动力稳定性现象分析

上海体育场当时按 C 类地貌风速取值为 27.44 m/s，而在将模型风洞试验的风速换算到 10 m 高处时的最大值已达 33.79 m/s，相当于设计风速的 1.52 倍，没有发现空气动力失稳和其他特殊现象。因而，可认为上海八万人体育场是空气动力稳定的。

4.3 上海中心

　　成为新的"中国第一高"的"上海中心"20世纪90年代初开始规划,历经十多年酝酿后于2008年12月正式开建。"上海中心"总投资额预估高达148亿元人民币,首选针对金融行业,定位于国际标准的24 h甲级办公、超五星级酒店和配套设施、主题精品商业、观光和文化休闲娱乐、特色会议设施五大功能。

　　该楼总高度632 m(屋顶),共132层,人可到达的主体建筑结构高度为580.2 m,使用层共118层(563 m),地下5层,高度24.4 m,总建筑面积达57.8万 m²。经过多番投标及筛选后,上海中心的建筑设计方案最终被确定为"龙型"方案,该方案由美国Gensler建筑设计事务所提供。从外观上看,"上海中心"像一条盘旋上升的巨龙,呈螺旋造型,"龙尾"在大厦顶部盘旋上翘,580.2 m的"身高"将成为上海新高度。"上海中心"象征着中国和谐的文化精神,体现中国和世界的连接。这个高达580.2 m的"垂直城市"内部将打造9个"空中花园",整个大楼将被建设成一幢集写字楼、酒店、零售、娱乐功能于一体的"综合性超高层建筑"。具体而言,上海中心大厦规划为五大功能区域,以写字楼为主,但将同时集合大众商业和娱乐区城、企业会馆区域、精品酒店区域以及顶部的功能体验(观光)空间。此外,上海中心大厦项目的裙房中,还将设置可容纳1 200人的多功能活动中心。

　　上海中心大厦在其最新公布的一份报告中透露,项目建成后,总建筑面积将达到55.88万 m²,超过毗邻的上海环球金融中心38万 m²的总建筑面积。不过,在上海中心大厦的总建筑面积中,大厦的地上建筑面积约为37.97万 m²,地下建筑面积达到约17.9万 m²。大厦的地下建筑面积中,包括了一个面积约1万 m²的地下停车库,可供2 000辆汽车同时停放。

　　目前,陆家嘴地区的东方明珠、金茂大厦、上海环球金融中心已经成为标志性的登高旅游点,已开放的环球金融中心更是出现了观光旅游和写字楼租赁双双走旺的态势,成为该区域的热点建筑。上海中心建成后,创造了该区域的高度新纪录,与金茂大厦(420.5 m)、环球金融中心(492 m)组成上海超高层建筑群的"金三角",形成上海陆家嘴中心区的新天际线。"上海中心"也是中国超高层"绿色建筑"的典范。

　　图4-15～图4-18是上海中心建成后及其与金茂大厦、上海环球金融中心形成"品"字形超高层建筑群的效果图。

图 4-15　上海中心与金茂大厦、上海环球金融中心等形成超高层建筑群效果图(1)

图 4-16　上海中心与东方明珠广播电视塔、上海环球金融中心等形成建筑群效果图(2)

下面讨论一下上海中心大厦的力学分析问题。

虽然上海中心大厦上可有很多作用,且都将产生结构响应,但影响最大的还是风荷载和地震作用。

与上海东方明珠广播电视塔分析一样,上海每年夏天都会受到热带风暴甚至台风的袭击,除了顺风向风荷载必须考虑外,在某些条件下还可能发生横风向涡流脱落共振和空气动力失稳,因而风荷载是十分重要的作用。根据历史记录,对上海影响最大的地震是附近东海的地震,其对上海影响的烈度未到 6 度,因而上海的设防烈度一般为 6 度,重大建筑物取 7 度。由于地震破坏的严重性和极重大工程的深远影响,目前设防烈度可取 8 度。

图 4-17　上海中心效果图(一)　　　　图 4-18　上海中心效果图(二)

　　高层建筑越高,风力越大。而且高层建筑越高,周期也越大,因而风荷载中的脉动风动力作用影响也越明显;反之,地震作用的效应却越低。因而,对于这栋极高的超高层建筑,风的作用要比地震作用影响大得多。但由于该建筑对上海和对世界都有重大的影响,地震作用仍需进行验算。

　　该建筑从零标高(0.000 m)开始至屋顶标高(632.00 m)共有 132 层,地下从零标高开始至地下 BASE(−24.400 m)共有 5 层,属钢和钢筋混凝土混合结构。

　　结构动力分析与自振特性有关,因而需先讨论它的数值。结构方案确定后,按结构分析程序(如 ANSYS 等)即可求出自振频率(或周期)和振型。前 30 阶自振频率和周期如表 4-6 所示,振型这里未列。

　　根据我国国家规范的规定,与大多数国家规范一样,对房屋钢结构,结构阻尼比取 0.02,对钢筋混凝土结构,结构阻尼比取 0.05。上海中心大厦结构为钢和钢筋混凝土混合结构,阻尼比应在 0.02～0.05 之间。阻尼比越小,结构响应越大。

表 4-6			上海中心大厦前 30 阶自振频率和周期		
序号	频率/Hz	周期/s	序号	频率/Hz	周期/s
1	0.100 36	9.964 43	16	1.357 90	0.736 43
2	0.101 92	9.811 87	17	1.412 26	0.708 08
3	0.157 01	6.369 05	18	1.648 63	0.606 56
4	0.274 45	3.643 61	19	1.805 16	0.553 97
5	0.282 59	3.538 71	20	1.921 70	0.520 37
6	0.330 85	3.022 47	21	1.970 48	0.507 49
7	0.522 70	1.913 14	22	2.260 05	0.442 47
8	0.557 43	1.793 95	23	2.030 66	0.433 54
9	0.598 77	1.670 09	24	2.354 76	0.424 67
10	0.740 46	1.350 51	25	2.464 86	0.405 70
11	0.908 28	1.100 98	26	2.523 91	0.396 21
12	0.944 24	1.059 06	27	2.852 67	0.350 55
13	0.990 82	1.009 26	28	2.893 76	0.345 57
14	1.182 42	0.845 72	29	3.128 87	0.319 60
15	1.296 11	0.771 54	30	3.225 13	0.310 07

按 2.4 节的风荷载基本公式,运用结构分析程序,求得各楼层等效风作用力,从而求出所需的各种响应(内力位移等)。表 4-7 和表 4-8 是 100 年重现期不同阻尼比选择和几个主要楼层的等效风作用力,x 为东向,y 为北向,z 为高度向。

表 4-7　上海中心大厦 100 年重现期阻尼比 $\zeta_1 = 0.02$ 时几个楼板面的等效风作用力

楼板序号	标高	F_x/kN	F_y/kN	M_z/(kN·m)
1	0.00	97.261	97.001	450.011
2	5.60	193.617	193.130	859.913
52	244.20	1 344.120	1 415.960	7 293.000
101	470.20	2 470.774	2 681.525	8 627.000
118	546.80	2 300.350	2 471.086	5 931.000
124	574.60	1 234.937	1 280.466	945.600
125	580.20	714.270	724.625	1 786.747
133	626.00	602.951	414.603	767.400
134	632.00	92.048	124.381	93.917

表 4-8　上海中心大厦 100 年重现期阻尼比 $\zeta_1 = 0.04$ 几个楼板面的等效风作用力

楼板序号	标高	F_x/kN	F_y/kN	M_z/(kN·m)
1	0.00	96.204	97.001	450.011
2	5.60	191.512	193.130	859.913
52	244.20	998.270	1 024.660	7 293.000
101	470.20	1 781.194	1 915.638	8 627.000
118	546.80	1 681.135	1 782.019	5 931.000
124	574.60	921.152	931.587	945.600
125	580.20	706.506	724.625	1 786.747
133	626.00	596.397	414.603	767.400
134	632.00	91.047	124.381	93.917

从表 4-7 和表 4-8 的对比中可以看出,阻尼比越小,在结构上产生的风力越大,结构响应也越大。它主要影响 x 方向的力,对 y 方向的力影响极小,对 z 轴的扭矩无影响。

对于风工程的其他验算,未予列出。

4.4　上海环球金融中心和振动控制

4.4.1　工程概况

上海环球金融中心(Shanghai Global Financial Hub)是以日本的森大厦株式会社(MoriBuilding Corporation)为中心,联合日本、美国等 40 多家企业投资兴建的项目,总投资额超过 1 050 亿日元(逾 10 亿美元)。原设计高 460 m,工程地块面积为 3 万 m²,总建筑面积达 38.16 万 m²,比邻金茂大厦。1997 年年初开工后,因受亚洲金融危机影响,工程曾一度停工,2003 年 2 月工程复工。但由于当时中国台北和香港地区都已在建 480 m 高的摩天大厦,超过环球金融中心的原设计高度。由于日本方面兴建世界第一高楼的初衷不变,对原设计方案进行了修改。修改后的环球金融中心比原来增加 7 层,即达到地上 100 层,地下 3 层,楼层总面积约 37.73 万 m²;建筑主体高度达到 492.5 m,比已建成的中国台北国际金融大厦(即台北 101 大厦)主楼高出 12 m(台北 101 大厦实体高度为 480 m,加天线后的高度为 508 m),在当时是名符其实的世界第一高楼。

大楼楼层规划为:地下 2 层至地上 3 层是商场,其中地下 3 层至地下 1 层规划了约 1 100 个停车位;地上 3～5 层是会议设施;7～77 层为写字楼,其中有两个空中门厅,分别在 28～29 层及 52～53 层;79～93 层为超五星级的宾馆,由凯悦集团负责管理;90 层设有两台风阻尼器;94～100 层为观光、观景设施,共有 3 个观景台,其中 94 层为 750 m² 室内净高 8 m 的观光大厅,是一个很大的展览场地及观景台,可举行不同类型的展览活动,97 层为观光天桥,在第 100 层又设计了一个最高的观光天阁,长约 55 m,地上高度达 472 m,超越加拿大国家电视塔的观景台(高度 447 m),也超过沙特阿拉伯迪拜的迪拜塔观景台(高度 440 m),成为当时世界最高的观景台。

置身于大楼 100 层的观光天阁,也就是 474 m 高的悬空观光长廊时,可以平视东方明珠的尖顶,能够感觉金茂大厦的屋顶就在脚下,犹如云中漫步,浦江两岸美景尽在眼底。在这条长达 55 m 的观光长廊中,设有 3 条透明玻璃地板,可以清楚地看到地面上穿行的汽车、行人,整个城市仿佛都在脚下流动。位于 97 层的观光厅的设计也同样独具匠心,这里带有开放式的玻璃顶棚,当天气晴好时,玻璃天顶可向两边滑动打开,整个观光厅就犹如漂浮在空中的一座"天桥"。

当站在 100 层的地方,心旷神怡地观赏上海都市风景时,其实支撑你站在最高处的不只是脚下一块块能承受 500 kg 质量的玻璃,更是一系列"当代鲁班"们采用的科技创新手段。

环球金融中心的外形设计曾受到过争议。最初的外形设计是在大厦顶部开一个直径为 50 m 的圆形风洞。据说 KPF 公司总裁威廉·帕德森说其设计灵感原本来自于中国传统文化中对于"天地"的理解,正是天圆地方的意思。而且,50 m 直径的"圆洞"恰好就是不远处东方明珠广播电视塔第 2 个球的大小,空心圆洞与实心球体正好形成一虚一实、遥相呼应的艺术美感。这样的构思同时也表现出了另一种形象,楼顶的大圆孔造型存在争议,根据 2005 年 10 月 18 日公布的设计方案,圆形风洞改为倒梯形,如图 4-19 和图 4-20 所示。

图 4-19　顶上圆形风洞和倒梯形风洞

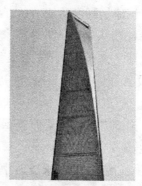

图 4-20　顶上倒梯形风洞

在大楼建造之初,相关部门就拟定了环球金融中心与金茂大厦之间架设"天桥"的计划。原本是采用地下通道的方式连接,但有专家指出环球金融中心和金茂大厦两幢摩天大楼之间仅一条马路之隔,若再开挖地下道,则地面沉降的状况将很严重,同时陆家嘴地区复杂的地下管线系统之间也没有容纳地下道的足够空间。所以,后来趋向于建造"陆家嘴环形天桥"的方案,虽然也有专家认为环形天桥工程将破坏大厦景观和陆家嘴地区环境,但这一方案最终通过审议并付诸实施。当环形天桥建成后,有关部门还在考虑将周围主要建筑的二层都伸出一个"分支"连接天桥,这样的话整个天桥的形状就变成了"光芒四射的太阳"。这样,人们就可以通过天桥来往于这些大楼之间。

上海环球金融中心创下了当时的诸多世界之最:

屋顶高度世界第一:492 m,超过了屋顶高度世界第一的台北 101 大楼(480 m)。

在 100 层的观光天阁是世界上人能到达的最高观景平台。

世界最高中餐厅:416 m,设在 93 层的中餐厅,成为全球最高中餐厅。

世界最高游泳池:366 m,设在 85 层的游泳池,夺得"世界最高游泳池"称号。

世界最高酒店:设在大楼 79~93 层的柏悦酒店,成为世界最高酒店。

燃气和水输送高度世界之最:燃气输送至 93 层 416 m 的高度,生活用水最高处在 434 m 的 97 层观光天桥上,而消防用水则通过 4 节系统送至楼顶,均创下了新高。

此外,上海环球金融中心建筑等级为一级,建筑防火分类为一类建筑,耐火等级为一级。由于该建筑高度达 492 m,在防火设计中采取的特殊防火措施,经过国家消防主管部门专门论证。大楼内每 12 层设置"避难广场层",共设置了 7——18 层、30 层、42 层、54 层、66 层、78 层、90 层。加压防烟系统可阻止浓烟进入避难广场层,从而确保灾难发生时的安全性。

图 4-21 是上海环球金融中心建造时图片,图 4-22 是上海环球金融中心与金茂大厦

图 4-21　建造时的上海环球金融中心

和在建中的上海中心大厦的图片。

图 4-22   上海环球金融中心、金茂大厦与在建的上海中心大厦

4.4.2   上海环球金融中心的振动控制

4.4.2.1   结构自振周期

与上海中心大厦相仿,上海环球金融中心也是以风荷载为主要荷载。用简化方法求得结构的前三阶自振周期值为:$T_1 = 7.2 \text{ s}$,$T_2 = 6.8 \text{ s}$,$T_3 = 2.6 \text{ s}$。

4.4.2.2   振动控制

按第 2 章的有关公式可求出该结构在风荷载作用下的各类响应,且已能满足要求。但为了改善风荷载作用下的结构风振,仍采用了振动控制方案。

1. 振动控制的类型

结构的振动控制是由设置在结构上的一些控制装置施加一组控制力,以达到减小结构振动响应的目的。根据控制力产生方法的不同,可将振动控制分为三种类型。

1)主动控制

控制力是由外加能源主动施加给主体结构的作用力。这是一种直观而又有效的控制方法,可以根据设计要求主动选择控制力的大小。但是一般而言,这些机械能源装置成本高,维修费用高,造成它的应用没有被动控制那样广泛。

2)被动控制

控制力是当控制装置随结构一起振动时由控制装置本身的运动引起的对主体结构的反作用力。显然,这时的控制力是被动产生的,合理选择被动控制装置本身的参数可以满足设计所需的减振要求。由于这些控制装置不涉及产生能源,成本低,而且由于无任何动力设备,维修费极低,所以使之成为工程上需要安装控制装置时的首选对象。

3)组合控制

在同一个结构中,同时采用主动控制和被动控制装置,达到减小结构振动响应的目的。

2. 振动控制的方法

下面介绍被动控制的几种常用方法。图 4-23 给出了三种常见的被动控制装置,分别如图 4-23(a),(b),(c)所示。

1)增加结构构件

控制振动最常用的方法是在结构中增加拉索式构件或加强层,达到减小振动响应的目的。图 4-23(a)是在各层增加交叉拉索,承受不同方向侧向作用力的示意简图。实际上,不但早期在高层建筑结构设置交叉杆件是这种做法的实例之一,而且在高耸桅杆、塔架四周安装多层纤绳拉索也是这种做法的工程实例。

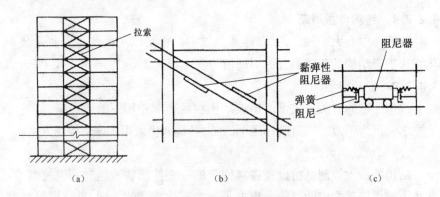

图 4-23　被动控制装置示意图

2)安装耗散材料或装置

在结构振动时,如能耗散部分能量,也能达到减振的目的。安装由黏弹性材料加工成的阻尼器是其中一种方法。当结构振动时,它不但贮藏能量,还可将能量转变成热量向四周扩散而消耗掉。美国纽约两幢110层的世界贸易中心大楼、西雅图77层哥伦比亚中心(大楼)等处均安装了这类阻尼器。阻尼器由钢夹板和黏弹性材料组成,与主体结构的斜撑结合在一起,安装在受力较大的部位如图4-23(b)所示)。安装的数量从几百个到近万个,起到符合减振要求的作用。

在振动耗能思想中,也有试验在结构中设置带横缝的横梁等耗能装置,以达到减振的目的。

3. 设置调频阻尼器

为使阻尼器能够积极地发挥作用,可将阻尼器用弹簧和阻尼元件与结构连接,形成小型、独立的振动体系,如图4-23(c)所示,有自己的频率。应用时,可设计阻尼器的参数(主要是频率),调谐到减振效应最佳值,达到最优减振的目的。目前,这种阻尼器已得到较广泛的应用。美国波士顿的约翰·汉考克大厦、澳大利亚世界最高的悉尼电视塔(底部为多层钢筋混凝土大楼)等已采用这种方法,日本等国也已有应用。

上海环球金融中心大楼在90层(约395 m)设置了两台风阻尼器,每台重150 t。通过使用感应器测出建筑物遇风摇晃的程度,然后通过电脑计算,控制阻尼器移动的方向,减少大楼由于强风而引起的摇晃,如图4-24所示。预计这两台阻尼器也将成为世界最高的自动控制阻尼器。

在风激振动时,结构在运动过程中将产生位移和加速度。楼层上的阻尼器也跟着结构在运动,因而也将产生位移和加速度。阻尼器自身有很大的质量。根据牛顿定律,运动物体上将产生惯性力,且惯性力为物体质量和加速度的乘积。因而,阻尼器上将产生很大的惯性力,且该惯性力会通过连接到结构上的弹簧和阻尼单元而传到结构上,如图4-23(c)所示。由此可见,在单独看结构的受力时,结构上所受到的外力除了风作用力以及结构自身的惯性力外,还应加上阻尼器上通过弹簧和阻尼单元传过来的力;此外,结构自身也具有阻尼力和弹性恢复力(在建立运动方程时也应加上)。而在单独看

图4-24 上海环球金融中心大楼的阻尼器

阻尼器的受力时,由于阻尼器的位移是结构位移和阻尼器自身位移的组合,加速度也是结构的加速度和阻尼器自身加速度的组合,因而阻尼器除了自身的惯性力外,还应加上跟着结构运动而产生的那部分惯性力;此外,阻尼器上也有阻尼力和弹性恢复力(在建立其运动方程时也应加上)。

当结构和阻尼器上的受力分析清楚了,就可求出在有阻尼器的情况下结构的各种响应,其方法与前面所述的方法相似。

4.5　上海南浦大桥和杨浦大桥

4.5.1　工程概况

1. 南浦大桥

南浦大桥于 1988 年 12 月 15 日动工,1991 年 12 月 1 日建成通车。南浦大桥宛如一条昂首盘旋的巨龙横卧在黄浦江上,它的建成使上海人圆了"一桥飞架黄浦江"的梦想。大桥造型刚劲挺拔,简洁轻盈,凌空飞架于浦江之上,景色壮丽。

南浦大桥是上海市第一座自行设计建造、跨越黄浦江的双塔双索面叠合梁斜拉桥。大桥全长 8 346 m,分主桥、主引桥和分引桥三部分,中孔主跨 423 m,桥宽 30.35 m,6 车道,机动车日通行 5 万辆;主塔高 154 m,塔座是由 98 根长 52 m、直径为 914 mm 的钢管桩打入地层,钢管桩上布设承台,坚实地凝聚而成的地基,其承载能力为 6 万吨;塔柱中间,由两根高 8 m、宽 7 m 的上下拱梁牢牢地连接着,呈"H"形;桥下净空高度 46 m,5.5 万吨位的巨轮可安全通行。

南浦大桥在浦西和浦东各有两部观光电梯,登桥面可饱览浦江风光、浦东新貌以及外滩和浦西区域的无数高楼。入夜时,大桥采用中杆照明,主桥用泛光照明,在钢索的根部有投光灯,将光射到桥塔上,光彩夺目。游人站在桥上,浦江两岸的景色尽收眼底。

主塔上"南浦大桥"四个红色大字为邓小平同志题写(每个字达 16 m²)。浦西引桥呈曲线螺旋形,造型优美,上下三环分岔,衔接内环线高架路、中山南路和陆家滨路。

图 4-25、图 4-26 是南浦大桥的景象。

图 4-25　南浦大桥外景

图 4-26　南浦大桥晚霞

2. 杨浦大桥

　　杨浦大桥则是紧随南浦大桥之后建造的黄浦江上的另一座斜拉桥,为带辅助墩的斜索面分离式闭口钢箱叠合梁斜拉桥,主跨为 602 m,主梁梁宽为30.35 m,梁高为 3.02 m,桥高为 60 m。该桥已于 20 世纪 90 年代建成通车。图4-27 展现了杨浦大桥的雄姿。

(a) 远景

(b) 近景

图 4-27 杨浦大桥的雄姿

桥梁,特别是大跨度桥梁,是城市重要的交通和生命线工程,保证它的安全可靠是设计者的重要任务。除顺风向外,横风向涡流脱落共振应该引起注意。我国也曾发生局部构件(长 15 m 的钢管)在低风速时长时间的微风共振中振幅达0.10 m的例子,这是亚临界范围内的涡流脱落共振现象。后来通过增设支点、提高刚度,避开共振范围等措施才得以解决。应特别注意的是跨临界范围内的涡流脱落共振,因为这时的风速已到达设计风速,如处理不当,很可能发生倒塌事故。1940 年,最著名的美国跨径为 853 m 的塔科马(Tacoma)吊桥,建成数月后即被不足 20 m/s 的风速摧毁,这一事件震惊了土木工程界。研究表明,它是由于空气动力失稳所致。所以,此后的桥梁设计者在风振分析基础上总是首先把桥梁抗风的主要任务落在空气动力失稳分析上,使临界风速远大于该桥在一定保证率下桥面上可能达到的最大风速(一般应大于 20% 以上),保证它的安全性。

4.5.2 杨浦大桥抗风设计

通过抗风空气动力稳定性验算分析杨浦大桥的抗风设计。

如前所述,杨浦大桥的主跨为 $L = 602$ m,主梁梁宽 $B = 30.35$ m,梁高 $H = 3.02$ m,桥高 $Z = 60$ m;主梁质量 $m = 4.4 \times 10^4$ kg/m,质量惯性矩 $I_m = 2.879 \times 10^{10}$ kg·m²/m;竖向抗弯刚度 $EI_z = 3.491 \times 10^6$ kN·m²,扭转刚度 $GJ_d = 3.18 \times 10^5$ kN·m²,极惯性半径 $r = 9.75$ m。

1. 基本风速

根据上海市气象局提供的风速资料,取上海地区的基本风速为 $v_0 = 32$ m/s。

2. 桥梁设计基准风速

按桥梁设计规范,桥址为Ⅲ类地表粗糙度类型(相当建筑结构荷载规范的C类),地面粗糙度指数 $\alpha = 0.22$,桥面高度 $z = 60$ m,按桥梁设计规范,杨浦大桥的设计基准风速为

$$v_{de} = \mu_{zv} v_{0\alpha} = 1.15 \times 32 = 36.8 \text{ m/s}$$

施工阶段的设计基准风速的重现期可取较少年数,一般可取 10 年。施工设计风速可取设计基准风速乘以风速重现期系数 0.84,故 $v_{dec} = 0.84 v_{de} = 31$ m/s。非10 年(包括 10 年)的风速重现期系数为

5 年	0.78
10 年	0.84
20 年	0.88
30 年	0.92
50 年	0.95

3. 空气动力失稳检验风速

设计风速 $v_{de} = 1.15 \times 32 = 36.8$ m/s。根据桥梁设计规范,考虑到风洞试验误差以及设计和施工中的不确定因素,建议乘以综合安全系数 1.2;又考虑到风速的脉动影响及风速水平相关性,建议乘以修正系数,按桥梁设计规范可查得该修正系数为 1.32。这样杨浦大桥的空气动力失稳检验风速为

$$1.2 \times 1.32 \times 36.8 = 59 \text{ (m/s)}$$

4. 动力特性设计

(1) 一阶对称竖向弯曲频率。杨浦大桥为带辅助墩的斜索面分离式闭口钢箱叠合梁斜拉桥,按经验公式求得一阶对称竖向弯曲频率为 $f_b = 0.249$ Hz,此

值与有限元程序计算的结果相比,估算偏低 10%左右。

(2) 一阶对称扭转频率。按经验公式求得一阶对称竖向扭转频率为 $f_t = 0.529$ Hz,此值与有限元程序计算的结果相比,估算偏 3%~4%。

5. 抗风空气动力稳定性验算

按第 2.4 节理论,求得空气动力失稳临界风速为

$$v_{cr} = 72 \text{ m/s}$$

而大桥可能达到的检验风速最大值为 59 m/s,小于空气动力失稳临界风速 $v_{cr} = 72$ m/s 值。从以上计算可知,大桥抗风空气动力稳定性是符合要求的。

第5章

起重机结构分析

　　起重机广泛应用于港口、造船厂和水电站工地。近年来,起重机数量增多,高度增加,风致振动现象也越来越多,风毁事故也频繁发生。宁波港镇海作业区有两台 10 t 门座起重机分别于 1979 年和 1980 年在非工作状态时因风振引起箱式矩形截面拉杆断裂。支援马耳他的 30 t 门座起重机在安装过程中虽只有 5～6 级风但拉杆仍发生了剧烈振动,其振幅远远大于工作状态的振动幅值,在采取措施后才得到控制。上海港、天津港也都出现过由风振引起的门座起重机拉杆断裂事故,严重影响了港口的正常工作,危及人身安全,造成了很大的经济损失。

5.1　起重机结构受力分析

　　露天作业的起重机常见的有塔式起重机和履带式起重机,此外还有龙门起重机、装卸桥、流动起重机、门座起重机等。图 5-1 是塔式起重机的图片,图 5-2 是履带式起重机的图片。

　　显然,风力和吊重是露天作业的起重机的主要外力。起重机与其他结构不同的计算特点是,处于工作状态(正常作业状态)和非工作状态(停止作业状态)时的风力是不同的,应予分别对待。

　　对于起重机而言,除了顺风向风振以外,对横风向振动也必须作具体的分析。起重机结构虽然与高耸结构有类似的特征,但是由于附加质量较多,自振周期较同等条件的塔架要长,所以共振风速常落在 12 ～ 20 m/s 范围内,相当于 $0.09 ～ 0.25$ kN/m^2 风压范围。这样的风压范围正好是起重机工作状态时实际计算风压范围。虽然雷诺数可在亚临界范围或超临界范围,但由于工作状态的实际计算风压较小,因而亚临界范围的横风向共振将对计算有较大影响,应该予以分析考虑。至于到了非工作状态阶段,实际计算风速约在 30 m/s,共振风速远较计算风速为小。这样,只在起重机下部一小部分区域具有共振风力,对结构受力分析没有大的影响,因而反倒可以不考虑横向共振的作用。

图 5-1　塔式起重机

图 5-2　履带式起重机

5.2　工作状态下起重机的风力计算

工作状态的最大计算风压应根据起重机的使用要求和地区的风压分布情况予以合理确定,不能定得过高,使起重机设计得过于笨重或无法在这样大的风压下正常作业,不能定得过低,过低可能使起重机经常因风力超过规定值而停止作业。一般起重机的工作状态最大计算风压,内陆地区以 5 级风的上限风压为宜,由第 2 章的风力表可知,相当于风压为 $0.07\ \text{kN/m}^2$;沿海地区以 6 级风的上限风压为宜,相当于风压为 $0.12\ \text{kN/m}^2$。这里所说的"沿海地区"是指离海岸线 100 km 以内的大陆或海岛地区。

作用在起重机某部分和起升物品上的风荷载,仍按第 2 章的风荷载公式计算,但有它特殊的规定。集中风荷载公式为

$$P_i = \beta_i \mu_{si} \mu_{zi} w_0 A_i \tag{5-1}$$

式中的各参数计算如下文所述。

5.2.1 有效迎风面积

有效迎风面积 A 为迎风物体在垂直于风向平面上的实际投影面积,如图 5-3 所示阴影部分,单位为 m^2。

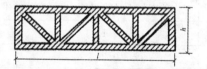

图 5-3 轮廓面积＝hl,有效迎风面积＝阴影部分面积

需要着重指出的是,按荷载规范,当计算桁架迎风面积时,通常以轮廓面积 hl 计算,此时体型系数 μ_s 要乘以挡风系数 φ 计算,即 $\mu_{st} = \varphi\mu_s$。如果迎风面积以实际面积(图 5-3 中阴影部分)计算,则体型系数即为 μ_s。两种表示方法结果相同。起重机设计规范中以实际迎风面积进行计算,其值也可表示为

$$A = \varphi hl \tag{5-2}$$

在按式(5-2)计算时,除了桁架以外,在起重机中还要考虑起升物品的面积。挡风系数 φ 如表 5-1 所示。

表 5-1	起重机挡风系数 φ	
	实体结构和起升物品	1.0
受风物体类型	机　构	0.8～1.0
	型钢制成的桁架	0.3～0.6
	钢管制成的桁架	0.2～0.4

对吊钩起重机,若无法确定起升物品的实际外廓面积,可根据起升物体的质量按表 5-2 近似估算其迎风面积。

表 5-2　　　　　　　　起升物体迎风面积的近似值

起升物体质量/t	1	2	3	5~6.3	8	10	12.5	15~16	20	30~32	40	50	63	75~80	100
迎风面积/m²	1	2	3	5	6	7	8	10	12	15	18	22	28	30	35

起升物体质量/t	125	150~160	200	250	280	300~320	400
迎风面积/m²	40	45	55	65	70	75	80

5.2.2　基本风压和风压高度变化系数

起重机设计规范推荐的计算风压即 w_0 与风压高度变化系数 μ_z 乘积之值如表5-3所示。

表 5-3　　　　　　　　起重机计算风压　　　　　　　　kN/m²

地　区	工作状态最大计算风压 $w = \mu_z w_0$	非工作状态的基本风压 w_0
内陆	0.15	0.5~0.6
沿海	0.25	0.6~1.0
台湾省及南海诸岛	0.25	1.5

注:① 沿海地区系指离海岸线 100 km 以内的大陆或海岛地区。
② 特殊用途起重机的工作状态的最大计算风压允许作特殊的规定。流动式起重机(即汽车起重机、轮胎起重机和履带起重机等)的工作状态最大计算风压,当起重机臂长小于 50 m 时取 0.125 kN/m²,当臂长等于或大于 50 m 时按使用要求确定。
③ 非工作状态基本风压的取值:内陆的华北、华中和华南地区取小值,西北、西南和东北地区宜取大值;沿海以上海为界,上海可取 0.8 kN/m²,上海以北取较小值,以南取较大值;内河港口、峡谷风口地区,经常受暴风作用的地区(如湛江等地)或只在小风地区工作的起重机,其非工作状态基本风压应按当地气候资料提供的 2 min 时距内的年最大风速进行计算;在海上航行的浮式起重机可取 $w_0 = 1.8$ kN/m²,并沿全高为定值。

风压沿高度是变化的,但大多数国家对工作状态最大计算风压却取为定值,我国起重机设计规范也取为定值。其原因可以认为是,上述规定的最大计算风压已超过 5 级风上限和 6 级风上限的范围 1 倍左右,已相当于当 10 m 高处的风压为 5 级风和 6 级风的上限风压时高度接近 100 m 处的风压,现在沿高度作为常数处理,这对于一般高度的起重机而言是偏于安全的。而且起重机除了风力以外,还有起升物品荷载起作用,风力仅是设计荷载中的一部分,因而也不会导致太保守的设计。

5.2.3 风荷载体型系数 μ_s

根据实践经验和风洞或实物试验,起重机设计规范中提供了体型系数值。现分别就各种结构情况分述如下。

1. 单片结构或构件

按表 5-4 列出的值选取。

当单片结构或构件的迎风表面与风向不垂直时,沿风向风荷载的体型系数应取 $\mu_s \sin^2\theta$。其中,μ_s 仍按表 5-4 选取,θ 为风对结构表面或构件轴线的夹角 ($\theta < 90°$)。

表 5-4 起重机单片结构的体型系数 μ_s

结 构 型 式			μ_s
型钢制成的平面桁架(ϕ 的值 $0.3 \sim 0.6$)			1.0
型钢、钢板、型钢架、钢板梁和箱形截面构件	$\dfrac{l}{h}$	5	1.3
		10	1.4
		20	1.6
		30	1.7
		40	1.8
		50	1.9
圆钢及管结构	$w_0 d^2$	<0.001	1.3
		$\leqslant 0.003$	1.2
		0.007	1.0
		0.010	0.9
		>0.013	0.7
封闭的司机室、机器房、平衡重物、钢丝绳及起升物品等			$1.1 \sim 1.2$

注:① 表中 l——结构构件的长度(m);

　　h——迎风面的高度(m);

　　w_0——基本风压,当考虑工作状态时,取 $\mu_z w_0 (\mathrm{kN/m^2})$;

　　d——管子直径(m)。

② 司机室设在地面上时取 $\mu_s = 1.1$,当司机室悬空时取 $\mu_s = 1.2$。

2. 多片结构

对于多榀桁架的结构,单片结构 μ_s 应乘以大于 1 的多片结构折算系数 ψ。

当两片结构构件平行放置时,不但前片结构或构件受到风荷载,而且后片结构或构件未受前片挡住部分(当然比前片面积小)亦受到风荷载,这两片荷载都同时作用在结构上。一种方法是,计算迎风面积 A 时用这前片面积和后片未挡住的面积之和,而将体型系数 μ_s 乘以大于 1 的折算系数 ψ。荷载规范和起重机设计规范都采用这一方法,此时

$$\psi = 1 + \eta \tag{5-3}$$

式中,η 为后片未挡住面积之比,可由表 5-5 确定。

表 5-5 η 计算用表

ψ	b(桁架间距)/h(桁架高度)			
	≤1	2	4	6
≤0.1	1.00	1.00	1.00	1.00
0.2	0.85	0.90	0.93	0.97
0.3	0.66	0.75	0.80	0.85
0.4	0.50	0.60	0.67	0.73
0.5	0.33	0.45	0.53	0.62
0.6	0.15	0.30	0.40	0.50

当多片相同结构或构件等间隔平行放置时,从第 2 片起 η 按等比级数变化,第 3 片挡风面积是第 2 片挡风面积的 η 倍,第 4 片是第 3 片的 η 倍,等等,即

$$\psi = 1 + \eta + \eta^2 + \eta^3 + \cdots + \eta^{n-1} = \frac{1 - \eta^n}{1 - \eta} \tag{5-4}$$

式中,n 为多片结构或构件的片数。

当 $n > 5$ 时,起重机设计中常假定第 6 片起 η 转为 0.1 常值,因此多片结构折算系数式(5-4)可改写成下式的形式

$$\psi = 1 + \eta + \eta^2 + \eta^3 + \eta^4 + \frac{n-5}{10} = \frac{1 - \eta^5}{1 - \eta} + \frac{n-5}{10} \tag{5-5}$$

3. 矩形截面格构式构件塔架结构

当风力垂直于塔架结构某表面时,由于矩形截面格构式构件塔架前后仅两片结构,故用式(5-2),其 ψ 值应为 $\frac{1 - \eta^2}{1 - \eta} = 1 + \eta$。

当风力沿塔架结构某对角线即棱角方向作用时,其 ψ 值可取 $1.2(1+\eta)$,此时迎风面积 A 可取风力垂直于塔架结构较宽表面的值,亦即整体风荷载为风力垂直于塔架结构较宽表面时所求得的整体风荷载的 1.2 倍。

4. 三角形截面空间桁架结构

三角形截面空间桁架结构的 ψ 值可取 1.25,此时迎风面积 A 可取垂直于风

向平面上的实际投影面积。

5.2.4　风振系数(荷载)β

按荷载规范,当 $T \geqslant 0.25$ s 时,应考虑风振作用。此时,风振系数可按第 2 章中关于高耸结构风振系数的计算方法进行计算。

以上是起重机顺风向风荷载的计算。除了顺风向风力外,还应考虑横风向共振的影响。目前,起重机设计中对这个问题采取的措施是回避共振的方法,即从构件刚性、结构形式等方面采取措施,使结构的自振频率避开正常风速下旋涡脱落的频率,防止发生共振现象。

5.3　非工作状态下起重机的风力计算

非工作状态的风压是起重机在不允许继续作业条件下可能经受的最大风压,因而它远比工作状态下的最大计算风压大。

要使起重机在最不利风压情况下不损坏,它的基本风压应是该地区的计算风压值。但起重机设计比一般房屋结构要求要高,基本风压可取大些。故规范规定,基本风压可按空旷地区离地 10 m 高处 2 min 时距的年最大风速进行计算。荷载规范时距为 10 min,故如取荷载规范的基本风压,则应将按荷载规范所列出的风压值乘以 1.16 的换算系数使用。

第6章
城市抗风防灾分析

在抗灾防灾分析中,有两种分析方法。一种是个体土木工程的抗灾防灾分析——以单个土木工程结构设计计算;一种是城市的抗灾防灾分析——以群体土木工程为主的统计估算,还包括洪灾等的统计估算。这是两种不同出发点的分析方法。

为了简化,在不致混淆的情况下,以下将"土木工程"简称为"工程"。

个体工程的抗灾防灾分析和设计计算,也常用工程的研究对象来称呼,如风工程的设计计算(或工程的抗风设计计算),地震工程的设计计算(或工程的抗震设计计算),核工程的设计计算(或工程的抗核设计计算)等。它的特点是:一般是针对一个新工程进行计算分析,从而对构件进行设计,通过设计计算达到既安全又经济的目的。

城市的抗灾防灾分析是以群体工程为主的统计估算,它的特点与个体工程的抗灾防灾分析和设计计算完全不同,它必须尽可能地应用概率统计知识;虽然它也可对单个工程进行抗灾防灾的危险性分析,但一般是针对大量的工程(可以是几个、几十、几百、几千甚至几万个结构)进行抗灾防灾分析,分析速度在已知很少数据(一般在十个以下)的情况下是极快的(一般几分钟),从而对抗灾防灾快速作出决策,使灾害损失降到最小的程度。

6.1 概　　述

在城市的抗灾防灾分析中,包括土木工程的抗灾防灾和其他所有可能的诸如洪灾、火灾、树木农林等的抗灾防灾。一般而言,城市抗灾防灾分析还包括自然灾害预报和经济损失预估。对于经济损失而言,只要有工程损失产生,则在所有损失中工程损失可占主要成分。这里的工程损失主要是指群体工程损失,当然也可包括个别的重大工程如电视塔、高层建筑等的损失。为了达到群体工程快速分析的目的,除了应用结构力学知识外,还必须在结构力学分析中大量应用概率统计知识。结构的计算分析可以摈弃一些次要的因素,如一般梁结构可只考虑弯曲影响,大部分悬臂型直立结构可只考虑第一振型影响,只考虑顺风向风响应等,以达到工程数量多、分析速度快的要求。应该指出,有些人认为单个结构在不忽略任何因素(即使是次要因素)下进行分析才是精确计算,这实际是一种误解。任何结构,即使是一根梁也是十分复杂的,因为必须对它进行受力分析,简化成计算简图后进行计算,这中间就包含一定的实际误差。前中国力学学会理事长钱令希院士在 20 世纪 50 年代"超静定结构学"一书中写道,任何结构力学计算实际上都包含误差,例如在结构计算中经常用到的弹性模量是根据试验得到的,即使对于钢材,也不是常数,取常数是简化的结果,包含了误差(对于钢筋混凝土,取线性化处理应有更大的误差可能)。1982 年,胡海昌院士在同济大学作学术报告时也指出,在结构动力计算中,由于振动阻尼采用的是一种假说,因而任何强迫振动计算结果都仅仅是一近似解。有些人把单个工程的抗灾防灾分析(即设计计算)与群体工程的抗灾防灾分析(即统计估算)相混淆,后者统计估算有它特定的含义,它与设计计算的区别已在上面说过了。

美国抗震研究中心负责人 George Lee 于 1997 年在首届中、美、日 Workshop on Civil Infrastructure System 期间对作者说,在他的研究中心,地震工程的设计计算分析和城市的抗灾防灾分析都在进行,但后者往往更重于前者。目前在国际学术研究中,在各国(包括我国)科学基金资助中,抗灾防灾分析研究都处于学术前沿和资助重点,甚至作为重大项目资助。

城市的抗灾防灾统计估算分析与工程的抗灾防灾设计计算分析最主要的区别是:大量应用结构概率统计知识(经验公式实际上也是建立在概率统计基础上,也可以说是结构概率统计应用的一部分)。城市的抗灾防灾分析不但与结构破坏力学或结构弹塑性力学,而且与结构概率统计分析(这里用结构灾害力学来统称)密切相连。

最常用的方法是:针对某类工程(例如多层房屋),对一定数量(例如几十至几百个)结构进行灾害记录的概率统计分析。但是即使是这类工程,由于变化大,该几十至几百个结构灾害记录的概率统计分析也不能包括所有情况,因而概率统计分析所用的参数取值可针对不同情况有所调整或乘以调整系数,它一般也可基于概率统计分析得到,但由于前者是概率统计分析主体,因而这里的调整系数可以适当放宽。

由于这一方法是基于一定数量的样本灾害资料得到的，要得到这些灾害资料一般时间较长，有时还需等候灾害时机才能得到。实际上，针对某类工程，在长期实践中，某些参数有很多经验公式，例如结构频率或周期的经验公式等，它们实际上是长期实践而总结出来的，也是概率统计分析的一种形式，它们的误差在适用范围内是可以接受的。也有很多参数已有概率统计值，有的还列在国家规范中，例如材料强度等，完全可以作为分析的依据。因而可以提出一种方法，针对某类工程，选择一个最有代表性的样本工程结构，一些参数可采用经验公式或已有概率统计值，在此基础上再进行一般的结构力学和工程结构分析，实际上它们在一定程度上已采用了概率统计知识。同上一样，样本工程结构在某种意义上的概率统计分析也不能包括所有情况，因而分析所用的参数取值可针对不同情况有所调整或乘以调整系数。显然，这里所说的进行一般的结构力学和工程结构分析，由于与结构灾害有关，应该用到结构破坏力学或结构弹塑性力学知识。或者更普遍一点说，应该把概率统计加进去，要用到结构灾害力学知识，它是结构破坏力学或结构弹塑性力学和概率统计分析的总称。

在城市的抗灾防灾分析中，工程灾害是随着外干扰力的增长而逐渐由无到有、从小到大的过程。我们感兴趣的是灾害开始后的过程，它可由结构灾害力学分析得到。在结构灾害开始时，可考虑是结构某处应力达到弹性应力极限或屈服应力，或者是结构某处变形达到弹性极限值。此时，外干扰力值常称为弹性极限外干扰值。以风工程为例，此时的风压称为弹性极限风压。当结构多处应力都达到屈服应力，或者结构某处变形达到最大极限值，使得结构处于不能正常工作或倒塌时，此时的风压已使结构到达工作极限，该风压称为结构极限风压。在结构极限风压作用下，结构已不能正常工作或倒塌，此时的工程损失达到极限值，如果不计附加损失，工程损失（实为工程损失最小值）等于它的造价。

按结构灾害力学，弹性极限风压和结构极限风压可以求出，不同结构可有不同值。从弹性极限风压到结构极限风压结构有一个灾害发展的变化过程，这一过程对结构灾害认识和分析有很大的意义。如果基于结构灾害力学分析，建立结构从弹性极限风压到结构极限风压的灾害发展变化过程，则不同结构可有不同的灾害发展的变化过程。如果再基于概率统计分析，建立灾害发展变化过程模式，则在任意已知灾害作用下，该结构灾害情况和经济损失情况都可立时求出，此时群体工程的抗灾防灾分析即可完成。

6.2　工程结构灾害力学

以风工程为例,在结构灾害力学中,最重要的是弹性极限风压 w_{0e} 和结构极限(即结构破坏或功能丧失)风压 w_{0p} 的确定。

6.2.1　弹性极限风压 w_{0e}

为了说明方便,我们以一悬臂型建筑结构作为一类结构代表(除了悬臂型建筑结构类型外,还有屋盖结构,桥梁结构,索结构等,分析方法相同),选用具有代表性的样本工程结构,如多层房屋(除了多层房屋外,还有烟囱、塔结构、高层建筑等,分析方法相同)来分析。

我们选取的悬臂型建筑结构样板为多层房屋工程,具体为宽度 $B = 8\,\mathrm{m}$、高度 $H = 18\,\mathrm{m}$ 的等截面结构。这一高度相当于六层房屋;这一宽度对大多数多层房屋适用,这类房屋一般可不作宽度调整。对于截面宽度沿高度进行有规律变化但变化不大的变截面结构,为了简化处理,在工程上可取 2/3 高处的宽度,将其作为等截面结构处理。将这条件放宽到一般沿高度作规律变化的结构,虽然误差将增大,但由于不作设计计算,而仅作抗灾防灾分析,在抗灾防灾工程上是可以的。当在弹性极限风压 w_{0e} 作用下,结构某处应力到达屈服极限(或结构某处变形到达屈服极限),此时动力方程由 2.4 节有关公式得到为

$$\frac{\sum\limits_{i=1}^{n} \beta_i \mu_{si} \mu_{zi} w_{0e} B \times z_i}{W_b} = \frac{w_{0e}\left(\sum\limits_{i=1}^{n} \beta_i \mu_{si} \mu_{zi} B \times z_i\right)}{W_b} = \sigma_e - \sigma_g \quad (6\text{-}1)$$

由此得到弹性极限风压 w_{0e} 为

$$w_{0e} = \frac{W_b(\sigma_e - \sigma_g)}{\sum\limits_{i=1}^{n} \beta_i \mu_{si} \mu_{zi} B \times z_i} \quad (6\text{-}2)$$

式中　w_{0e}——使结构某处应力到达屈服极限(或结构某处变形到达屈服极限)的空旷平坦地貌 10 m 高度处的风压,即弹性极限风压;

　　　　σ_e——屈服应力,可由结构材料统计确定;

　　　　σ_g——结构自重和其他荷载引起的应力;

　　　　W_b——结构危险截面的抗弯截面模量,可按不同类型结构统计确定。

在确定上式中的有关参数时,可采用经验公式或简化公式进行计算。例如,在求 β_z 时要用到的结构自振周期 T_1,可采用悬臂型结构经验公式计算,对细长的悬臂型结构如烟囱等,可采用 $H/100$ 计算;要用到的第一振型系数 ϕ_1,对悬臂型结构可按实用公式计算。又如,对宽度大的多层民用房屋结构,由于自振周期很小,可不考虑风振影响,即取 $\beta_z = 1$;等等。文献上有钢筋混凝土多层房屋的例子,w_{0e} 的计算结果接近 $1.0\ \text{kN/m}^2$,可取 $1.0\ \text{kN/m}^2$。

对多层房屋样本结构,按式(6-2)即可求出 w_{0e}。实际上城市中的多层房屋很多是与样本结构不同的,对非样本结构按上式同样进行分析计算,可得出调整系数的统计值。在应用时,只需对不同条件乘以相应的调整系数即可。调整系数有:高度 H(多层房屋通常不超过 8 层)的调整系数(常取 1~2 层为 1.3,3~4 层为 1.1,5~6 层为 1.0,7~8 层为 0.95),宽度 B 的调整系数(较少应用),体型系数 μ_s 的调整系数(样本结构取矩形截面,如为圆截面,则为 $1.3/0.7 = 1.86$),σ_e 考虑房屋年代久远(一般 1980 年以前)减弱等因素的调整系数(常取 0.9)等。根据该城市房屋资料的数据库,全部计算可按计算程序由计算机完成。

6.2.2　结构极限风压 w_{0p}

在风力达到弹性极限风力后,结构进入弹塑性阶段,随着风力继续增大,结构弹塑性变形也越来越强烈,损失也越来越大,最后终于达到最后阶段,即结构丧失全部功能或倒塌,此时的风力达到结构极限风压 w_{0l},工程损失达到最大值。

在风力作用下,结构弹塑性分析是很复杂的。在城市的抗灾防灾分析(即以群体工程为主的统计估算)中没有必要对群体工程进行详细精确分析,可用合理的近似分析方法进行估算,最常用的是将结构弹塑性问题采用等效线性的方法进行处理。

现以一悬臂柱顶部作用一个力 P 为例来分析,如图 6-1(a)所示。当 $P \leqslant P_e$ 时,P_e 为最危险截面(即梁底部截面)最外边缘应力达到弹性极限应力时的顶部力,它与顶点位移 y 的关系为直线,直至达到弹性极限位移 y_e 为止。当 $P_e \leqslant P \leqslant P_p$ 时,P_p 为最危险截面(底部)全部应力到达塑性极限应力的顶部力,它与顶点位移 y 的关系不再为直线,而为非线性发展。当 P 达到 P_p 后,由于材料的屈服特性(钢材最长),顶部力 $P = P_p$ 不再增加,但位移却继续发展,直至达到结构极限位移 y_l,结构丧失功能或倒塌。顶部力 P 随顶点位移 y 的变化过程如图 6-1(b)所示。

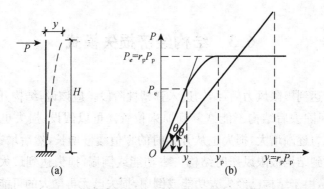

图 6-1 一悬臂柱顶部作用一力 P 时的力与位移的关系及等效直线

在实际工程应用中,在 $P_e \leqslant P \leqslant P_p$ 阶段的非线性曲线常用图 6-1(b)中的斜虚线来代替。此时采用等效线性法,在达到结构极限状态时的等效直线如图中斜直线(点画线)所示。由功相等,得

$$\frac{\gamma_p^2 P_e y_e}{2} + \gamma_P P_e (\gamma_y y_e - \gamma_P y_e) = \tan\theta_e \frac{\gamma_y^2 y_e^2}{2}$$

由此得

$$\tan\theta_e = \left(\frac{2\gamma_P}{\gamma_y} - \frac{\gamma_P^2}{\gamma_y^2}\right)\frac{P_e}{y_e} = \left(\frac{2\gamma_P}{\gamma_y} - \frac{\gamma_P^2}{\gamma_y^2}\right)\tan\theta \tag{6-3}$$

我们需要的是结构到达极限状态时空旷平坦地貌 10 m 高处的风压 w_{0l} 值,此值即为结构极限风压值,由上式可以求出为

$$w_{0l} = \gamma_w w_{0e} = \left(2\gamma_P - \frac{\gamma_P^2}{\gamma_y}\right)w_{0e} \tag{6-4}$$

按我国的结构抗震设计规范,常用的结构极限位移 y_l 与弹性极限位移 y_e 的比值 γ_y,对钢结构取 10,对钢筋混凝土取 5,对砖石结构取 3.5。则由式(6-4)可以看出,对于结构极限风压 w_{0l} 与弹性极限风压 w_{0e} 的比值 γ_w,结构刚达到塑性极限时的力 P_P 与截面外边纤维到达弹性极限时的力 P_e 的比值 γ_P 起着很大的作用。对于空心单杆结构,γ_P 接近于 1,此时 γ_w 对于上述三种结构分别为 1.9、1.8 和 1.7;对矩形实心单杆结构 γ_P 为 1.5,此时 γ_w 对上述三种结构分别为 2.8、2.6 和 2.47;对多杆组成结构可以更大一些。为了简化,建议 γ_w 均取 2.0 进行抗风防灾分析。也可根据具体情况选用不同的 γ_w 值。

6.3 结构经济损失模式

当风力达到极限风力后,结构进入弹塑性阶段。应该说,结构开始有塑性变形了,即当风除去后结构不能恢复到原来位置。可以假设,损失也就从这时开始。随着风力逐渐增大,损失也从开始时的零值缓慢增长,然后增速逐渐加快,直至风力达到结构极限风压时结构失去功能或倒塌,损失达到最大值为止。风力再增大时,由于结构已经失去功能或倒塌,损失已无再增大的可能。随着风力增大损失也增大直至最大值的整个过程如图 6-2 所示。

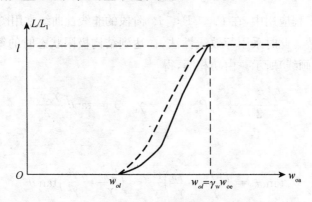

图 6-2 经济损失曲线

不同结构虽然变形曲线或结构损失有所不同,但其规律则完全相似。由于假定损失与弹塑性阶段变形曲线相似,因而它也是经济损失的模式,可称它为"斜 S 形曲线模式"。当然,也可按风力作用下结构损坏而引起损失的实际统计资料得出更合理的经济损失曲线模式,但其规律应基本相似。

设结构经济损失曲线可表达为如下的二次抛物线

$$L/L_l = A_1 w_{0a}^2 + B_1 w_{0a} + C_1 \tag{6-5}$$

式中　w_{0a}——实际发生的空旷平坦地貌 10 m 高度处的风压;

　　　L——w_{0a} 发生时工程实际损失值;

　　　L_l——该工程最大的极限损失值。

由条件,当 $w_{0a} = w_{0e}$ 时,损失 $\dfrac{L}{L_l} = 0$,损失曲线开始点切线倾角 $=0$;当 w_{0a}

$=w_{0l}$ 时,损失达到最大,即有 $\dfrac{L}{L_l}=1$,则由此求得

$$A_1=\frac{1}{w_{0l}^2-2w_{0l}w_{0e}+w_{0e}^2}$$

$$B_1=-2A_1w_{0e}$$

$$C_1=A_1w_{0e}^2$$

此时式(6-5)变为

$$L/L_l=\frac{1}{w_{0l}^2-2w_{0l}w_{0e}+w_{0e}^2}(w_{0a}^2-2w_{0a}w_{0e}+w_{0e}^2) \tag{6-6}$$

由式(6-4)可以看出,$w_{0l}=\gamma_w w_{0e}$。在同一 w_{0e} 下,γ_w 越大,损失 L 却越小。如取 $\gamma_w=2$,则

$$L/L_l=\frac{w_{0a}^2}{w_{0e}^2}-2\frac{w_{0a}}{w_{0e}}+1 \tag{6-7}$$

由于实际经济损失要涉及很多因素,并不一定与这一变形曲线完全相似,因而在实际应用时可以适当放宽一些。例如,把图 6-2 顶点处理为光滑曲线,使其在该处的切线倾角等于零,如图中虚线所示,"斜 S 形曲线模式"就变成了"斜对称 S 形曲线模式",则计算简化且偏于安全,当以后积累资料丰富时可再作曲线调整。此时设

$$L/L_l=A_2w_{0a}^3+B_2w_{0a}^2+C_2w_{0a}+D_2 \tag{6-8}$$

由条件,当 $w_{0a}=w_{0e}$ 时,无损失,因而有 $\dfrac{L}{L_l}=0$,损失曲线开始点切线角为零;当 $w_{0a}=w_{0l}$ 时,为全损失,即有 $\dfrac{L}{L_l}=1$,损失曲线终止点切线倾角为零,则由此求得

$$A_2=-2(w_{0l}-w_{0e})^{-3}$$

$$B_2=-1.5(w_{0l}+w_{0e})A_2=(3w_{0l}+3w_{0e})(w_{0l}-w_{0e})^{-3}$$

$$C_2=-3A_2w_{0e}^2-2B_2w_{0e}=-6w_{0l}w_{0e}(w_{0l}-w_{0e})^{-3}$$

$$D_2=-A_2w_{0e}^3-B_2w_{0e}^2-C_2w_{0e}=(-w_{0e}^3+3w_{0l}w_{0e}^2)(w_{0l}-w_{0e})^{-3}$$

此时式(6-8)变为

$$L/L_l = \frac{-2w_{0a}^3 + 3(w_{0l} + w_{0e})w_{0a}^2 - 6w_{0a}w_{0e}w_{0a} + (-w_{0e}^3 + 3w_{0l}w_{0e}^2)}{(w_{0l} - w_{0e})^3}$$

$$(6-9)$$

如取 $\gamma_w = 2$，即 $w_{0l} = 2w_{0e}$，则

$$A_2 = -2w_{0e}^{-3}, \quad B_2 = 9w_{0e}^{-2}, \quad C_2 = -12w_{0e}^{-1}, \quad D_2 = 5$$

此时经济损失方程式(6-7)变成

$$L/L_l = -2\frac{w_{0a}^3}{w_{0e}^3} + 9\frac{w_{0a}^2}{w_{0e}^2} - 12\frac{w_{0a}}{w_{0e}} + 5 \qquad (6-10)$$

6.4 城市抗风防灾实例

我国南方某城市某一小块地块编号为 70 的多层房屋均为钢筋混凝土结构，共有 11 座，其资料数据库如表 6-1 所示。在某台风袭击下，空旷平坦地貌 10 m 高度处的实际风压 w_{0a} 达到 1.2 kN/m²，试估算其经济损失。

表 6-1　　　　　某城市第 70 号块多层房屋状况统计数据库

建筑号	结构材料	层数	建成年代	房屋面积/m²	基价/(元/m)²
70-1	钢筋混凝土	5	1990	1 222.00	
70-2	钢筋混凝土	6	1990	3 646.16	
70-3	钢筋混凝土	8	1991	21 773.25	
70-4	钢筋混凝土	7	1990	5 824.99	
70-5	钢筋混凝土	2	1985	224.84	
70-6	钢筋混凝土	6	1990	1 934.81	
70-7	钢筋混凝土	6	1990	2 068.38	
70-8	钢筋混凝土	8	1990	5 131.29	
70-9	钢筋混凝土	1	1990	145.43	
70-10	钢筋混凝土	5	1990	1 886.25	
70-11	钢筋混凝土	6	1990	1 467.33	

由于数据库中未提供基价，现暂按近年价格 5 000 元/m² 计算。

上面提到，有文献已求得钢筋混凝土多层房屋样本工程结构的弹性极限风压为 $w_{0e} = 1.0$ kN/m²。由于都是 1980 年后建造的房屋，年代调整系数都取 1。

高度调整系数及有关值为：

对 1～2 层房屋，$w_{0e} = 1.3 \times 1 = 1.3 \text{ kN/m}^2 > 1.2 \text{ kN/m}^2$，无损失；

对 5～6 层房屋，$w_{0e} = 1.0 \text{ kN/m}^2$，$\dfrac{w_{0a}}{w_{0e}} = 1.2$，现按(6-8)"斜对称 S 形曲线模式"，得损失系数 $\dfrac{L}{L_l} = 0.104$；

对 7～8 层房屋，$w_{0e} = 0.95 \times 1.0 = 0.95 \text{ kN/m}^2$，$\dfrac{w_{0a}}{w_{0e}} = 1.263$，按(6-8)"斜对称 S 形曲线模式"，得损失系数 $\dfrac{L}{L_l} = 0.171$。由此求得该台风引起经济损失估算值为

$$
\begin{aligned}
L = 5\,000(&1\,222 \times 0.104 + 3\,646.16 \times 0.104 + 21\,773.25 \times 0.171 \\
&+ 5\,824.99 \times 0.171 + 0 + 1\,934.81 \times 0.104 + 2\,068.38 \times 0.104 \\
&+ 5\,131.29 \times 0.171 + 0 + 1\,886.25 \times 0.104 + 1\,467.33 \times 0.104) \\
= &5\,000 \times 6\,868.142 = 34\,340\,711 \text{ 元} \\
\approx &3\,400(\text{万元})
\end{aligned}
$$

显然，如用式(6-5)"斜 S 形曲线模式"计算，经济损失估算值要少一些。上述计算实际上都是用计算机程序计算的，可很快完成，还可用不同彩色图形显示出哪些房屋为无损、有损或倒塌等。

应该再次强调，实际经济损失要涉及很多因素，并不一定与上面的变形曲线完全相似，如有大量的房屋在风灾下经济损失的实际资料，进行统计，则可得到更合适的经济损失统计曲线。

参 考 文 献

［1］郭钦华. 地震前后三十六计［M］. 北京：地震出版社，1987.

［2］哈尔滨建筑工程学院，华南工学院. 建筑结构［M］. 北京：中国建筑工业出版社，1987.

［3］中华人民共和国国家标准. 建筑抗震设计规范：GBJ 11—89［S］. 北京：中国建筑工业出版社，1989.

［4］张相庭. 高层建筑结构抗风抗震设计计算［M］. 上海：同济大学出版社，1997.

［5］江欢成. 现代力学与东方明珠［M］//李国豪，何友声. 力学与工程——21世纪工程技术的发展对力学的挑战. 上海：上海交通大学出版社，1999，191-204.

［6］张相庭. 风工程力学研究最新进展和二十一世纪展望［M］//李国豪，何友声. 力学与工程——21世纪工程技术的发展对力学的挑战. 上海：上海交通大学出版社，1999，330-352.

［7］陈雨波，朱伯龙. 中国土木建筑百科辞典・建筑结构［M］. 北京：中国建筑工业出版社，1999.

［8］李国豪. 中国土木建筑百科辞典・工程力学［M］. 北京：中国建筑工业出版社，2001.

［9］中华人民共和国国家标准. 建筑结构荷载规范（风荷载部分）：GB 50009—2001［S］. 北京：中国建筑工业出版社，2002.

［10］张相庭. 结构风工程——理论规范实践［M］. 北京：中国建筑工业出版社，2006.

后 记

在学习本书 6 章内容之后，可以感到，我们已进入了土木工程的几个重要领域，又从工程需要和物理概念上了解了土木工程的核心，即工程力学中几个重要的原理和必需的公式。实际上，这已经开启了土木工程那座又高又大的大门，踏上了土木工程那个又长又耸的阶梯，一步步地向前向上走去。

对土木工程结构进行力学分析，可以归纳为以下几个步骤：

（1）首先要了解该土木工程结构特别是主要受力结构的组成，书中已提出十种基本结构形式，它们组成的结构已覆盖了绝大部分土木工程结构现有的各种形式，了解它们的力学特征对进一步了解该土木工程的受力情况有很大的帮助。

（2）荷载计算是进入土木工程结构分析的第一步，也是极其重要的一步。荷载或作用分为两种：一种是静力的，不引起结构振动，如楼面荷载、雪荷载、温度变化等，它们的数值可由统计方法直接确定，一般在荷载规范中已予列出，可直接应用；另一种是动力的，它可引起结构的振动，如土木工程中的地震作用、风荷载等，这些作用或荷载的确定对高层建筑、高耸结构、大跨度桥梁和大跨度屋盖等的安全性十分重要，它们的数值必须由结构振动力学分析得到。由于土木工程结构分析中重点和难点是动力分析，因而第 2 章内容就是解决这些问题所必须了解的。要解决结构动力分析的问题，其中结构自振特性（即频率或周期、振型、阻尼比等）是首先要得到的重要数据。不但计算动力荷载如地震作用、风荷载等时首先必须具备这些数据，而且有了它们之后还可以了解结构的刚柔程度，如有不妥，可以及时得到改动。所以，荷载计算是十分重要的一步。在我参加的多个重大工程评审中，很多是在荷载计算这方面出现问题而需加以讨论解决的。当然，除了需要了解力学基本概念和基本理论，还需要掌握计算机和实验手段的应用。

（3）在荷载或作用确定之后，就可以进入在这些荷载作用下工程结构各种响应的分析计算。这些计算目前都是用计算机和结构分析程序来解决的。在第

1章的10个基本结构的基础上,清楚了解该结构的单元组成后,可以很快求得所需的结果。

(4) 在根据将各种荷载作用下的响应进行组合从而得到设计所需的内力、位移等数值后,即可进行结构构件的截面设计计算;并由此绘制施工图,进行工程施工。只不过,这些内容已超出本书的范围,读者可参阅其他专门的书籍。

可以看出,土木工程和力学有着十分密切的关系。说力学是土木工程的核心、是土木工程的"心脏",这是完全可以理解的。土木工程力学有两只"手":一只是计算机和结构分析程序,另一只则是实验手段。

对于还未掌握大学里高等数学和工程力学理论知识的人,虽然还不完全了解这些力学公式的来龙去脉,但在了解概念和应用的基础上,在实践中先去熟悉它、使用它,这个"天上月"也并不是"望而生畏"的。只要掌握土木工程的基本结构组成,只要了解基本结构的力学特征,只要掌握计算机和结构分析程序,只要熟识必要的实验手段,再辅之以由基本结构组成的几个真实工程的实践,这样——深入下去,一切都可迎刃而解。

世上无难事,只要有心人。